공학설계의 기초

김지환 · 신종열 · 안세경 · 이중순 | 공저

북스힐

머리말

개인적으로 공학을 접한 세월이 만 32년이 지났다. 제법 많은 세월이 지났음에도 불구하고 항상 안타까운 생각이 마음 한쪽에 남아 있는 이유는 무엇일까? 나는 어떻게 배웠으며, 지금 나는 어떻게 후학들을 지도하고 있는가? 효과적인 공학설계 교육, 창의적인 공학설계 교육이란 과연 무엇이며, 어떻게 가르쳐야 되고 교수-학습활동의 이수를 통하여 교육수요자에게 무엇을 주어야 할까?

4년제 공과대학의 졸업생 중에서 산업체 현장에 취업하는 비율이 10% 정도에 그친다고 한다. 전부라고 표현하기에는 무리일 수 있겠지만, 우리나라 공과계열 졸업생의 대표적인 특징을 들라면 아마도 현장 공포증이 아닐까 싶다. 왜 이렇게 되었을까? 대학이 학생들의 원활한 실험실습을 위한 기자재를 충분히 확보하지 못한 때문일까? 교육수요자인 학생들과 학부모가 현장을 천하게 여기기 때문일까? 교수가 이론과 논문만을 좋아해서일까? 또는 무엇 때문일까? 각각이 이유에 해당될 수도 있겠지만 가장 중요한 것은 아마도 공학을 전공하고 있는 예비 공학도에게 스스로 창의적인 문제를 해결해 나갈 수 있는 능력을 인식시켜주지 못한 탓은 아닐까? 라고 반문해 본다. 최근 들어 국내에서도 공학교육에 대한 관심이 고조되고 있으며, 효율적인 엔지니어 양성을 위한 체계적인 프로그램의 하나로 공학인증제를 도입함에 따라, 현장 중심의 교육을 위한 수단의 하나로 시스템 중심적인 공학설계에 대한 중요성을 강조하고 있다.

이제 기술근시에서 벗어나자. 설계기술을 발전시킬 수 있도록 설계중심으로 생각하고 행동하자. 설계기술이란, 기본 성능 기술은 물론이고 신뢰성 성장 기술, 고객 만족 기술,

비교 우위 확보 기술, 창의적인 성능 개발 등을 모두 포함한다. 따라서 설계기술이란 개인의 창의적인 생각으로부터 시작하여 이를 상용화할 때까지 필요한 모든 요소를 의미하기 때문에 해당 기술 하나를 중요시하기 보다는 시스템적으로 받아들이고 이해할 수 있어야 한다.

기초공학설계 교과의 특성과 내용은 본질적으로 특정 전공에 대하여 논하는 분야가 아니고 엔지니어의 입문과정에서 다루어야 할 전반적인 내용을 다루어야 한다. 학생들에게 창의성을 요구할 게 아니라 생각할 수 있는 기회를 주어야 한다. 학생들은 무한한 창의성을 가지고 있다. 다만, 방법을 몰라서 창의성을 세상 밖으로 끄집어 내지 못하고 있을 뿐이다. 이 책은 충분한 예시를 포함하고 있기 때문에 누구나 읽으면 이해가 가능할 수 있도록 구성한 학생 스스로를 위한 학습 지도서의 형태이다. 따라서 교수자의 입장에서 모든 것을 가르치려고 하기보다는 훌륭한 애드바이저의 역할을 수행하는 것이 바람직할 것이다.

제1장과 3장, 4장과 10장은 간단한 설명만으로 강의를 진행할 수 있을 것으로 판단되지만, 교재의 80%를 차지하고 있는 나머지 부분의 수업에서는 학생들의 직접적인 설계 실습 활동이 요구된다. 비록 대학과 학과의 특성에 따라 차이는 있겠지만, 학생들이 기본적인 개념에 대한 이해를 한 이후에는 반드시 개인 또는 팀별로 과제를 수행하고 수행된 결과를 발표하는 부분에 많은 시간을 할애할 수 있어야 한다.

본 교재가 학생들 스스로 시장이 요구하는 제품에 대한 창의적인 아이디어를 도출하고, 생각하고 있는 내용을 도면으로 표현하여 체계화시키고, 동작의 구현과 오류의 보완을 통하여 상용화할 수 있는 수준까지 이르게 하는 전반적인 내용에 대한 길잡이가 될 수 있기를 희망한다.

다소 아쉬운 부분이 남는 원고임에도 불구하고 기회가 될 때마다 출판을 기꺼이 맡아주시는 (주)북스힐의 조승식 사장님과 편집부 관계자에게 감사의 말씀을 드린다.

2007년 7월

저 자

차 례

제 1 장

효과적인 공학설계 교육

1.1 효과적인 공학설계 교육이란?

1.2 효과적인 공학설계 교육의 방법

1.3 공학설계 교육의 기본 요소

1.4 공학설계의 기초

 학습목표

◎ 공학설계 교육의 필요성에 대한 이해와 교재의 구성에 대한 안내 및 기초설문조사 활동 등
과 같은 교과목 오리엔테이션을 통하여 학습자 스스로 학습계획을 수립할 수 있다.

◎ 효과적인 공학설계 교육을 위한 수단의 하나로 도입하는 공학설계의 기초 교과에 대한 전반
적인 이해를 통하여 공학과 과학 및 기술에 대한 차이점을 설명할 수 있다.

◎ 공학설계 교육의 기본 요소는 우리의 일상생활과 밀접한 관계가 있음을 이해시켜 실용주의
적인 가치관을 확립시킨다.

'효과적인 공학설계 교육', '창의적인 공학설계 교육'이란 과연 무엇일까? 무엇을 어떻게 가르쳐야 되고 교과목의 교수-학습활동의 이수를 통하여 교육수요자에게 무엇을 주어야 할까?

4년제 공과대학의 졸업생 중에서 산업체 현장에 취업하는 비율이 10% 정도에 그친단다. 이 이야기는 공과계열의 졸업생들이 현장 근무보다는 사무실 근무를 희망하고 사무실 근무보다는 연구실에서 근무하는 부분에 대하여 더 큰 호감을 갖고 있다는 의미로 받아들여진다. 전부라고 표현하기에는 무리일 수 있겠지만, 우리나라 공과계열 졸업생의 대표적인 특징을 들라면 아마도 현장공포증(Floor-Phobia)이 아닐까 싶다.

왜 이렇게 되었을까? 대학이 학생들의 원활한 실험실습을 위한 기자재를 충분히 확보하지 못한 때문일까? 교육수요자인 학생들과 학부모가 현장을 천하게 여기기 때문일까? 교수가 이론과 논문만을 좋아해서일까? 또는 무엇 때문일까?

각각이 이유에 해당될 수도 있겠지만 가장 중요한 것은 아마도 공학을 전공하고 있는 예비 공학도에게 스스로 창의적인 문제를 해결해 나갈 수 있는 능력을 인식시켜주지 못한 탓은 아닌지 반문해 본다.

기업은 현장공포증을 가진 공학도를 선호하지 않는다. 공과대학을 졸업한 사람이 기업에 입사하여 설계도면을 읽고 이해를 하지 못하는 것이 현실이기 때문이다.

따라서, 기업에서는 직원들에 대한 교육훈련 방법의 하나로 피교육자인 직원이 직무에 종사하면서 기업에 필요한 직무지도교육(OJT : On-the-Job Training)을 3년 정도에 걸쳐 시키고 있는 실정이다. 교육기간 동안 비록 직무에 종사한다고는 하지만 현실적으로는 과업의 수행능력이 다소 부족할 뿐만 아니라, 해당 직무에 숙련된 인력조차도 해당 교육을 위해 활용하여야 하기 때문에 기업으로서는 부담일 수 밖에 없다. 그러다 보니 기업들은 현장능력과 연구능력 등과 같은 기술력을 고루 갖춘 공과계열의 졸업생을 희망하는 것이다. 이러한 이유들로 인하여 최근 들어 국내에서는 공학교육에 대한 관심이 고조되고 있으며, 효율적인 인력 양성을 위한 체계적인 프로그램으로 공학인증제를 도입하게 되었고, 그 중에서도 현장 중심의 교육을 위한 수단의 하나로 공학설계에 대한 중요성을 강조하고 있는 것이다.

이제 기술근시(Technology Myopia)에서 벗어나자. 설계기술을 발전시킬 수 있도록 설계중심으로 생각하고 행동하자.

설계기술이란, 기본 성능 기술은 물론이고 신뢰성 성장 기술, 고객 만족 기술, 비교 우위 확보 기술, 창의적인 성능 개발 등을 모두 포함한다. 따라서, 설계기술이란 개인의 창의적인 생각으로부터 시작하여 이를 상용화할 때까지 필요한 모든 요소를 의미하기 때문에 해당 기술 하나를 중요시하기 보다는 시스템적으로 받아들이고 이해하여야 할 것이다.

1.2 효과적인 공학설계 교육의 방법

효과적인 공학설계 교육의 방법을 찾는 일은 분명 어려운 부분이라 생각되기에 정답은 없을 것이라고 생각하겠지만 반드시 해는 있을 것이다.

어떻게 하면 실용성을 중시할 수 있을까? 현장 실습을 병행할 수 있는 방법은 없을까? 산업 중심의 교수-학습활동을 통한 현장성을 제고할 수 있는 방법은 없을까? 창의적인 사고와 독창적인 설계 능력이 개인은 물론 기업의 발전을 위한 필수적인 요소가 되었다.

일반적으로 전공 교과는 특정한 분야에 대한 전문적인 지식의 전달을 위주로 하는 지식형 과목, 주어진 현상에 대한 관찰 또는 측정 결과를 이해하고 분석할 수 있는 능력의 배양을 목표로 하는 분석형 과목, 설계와 생산 등 공학적인 상황에서 알고 있는 지식을 종합하여 주어진 문제에 대한 합리적인 판단을 하고 해결 방안을 공학적으로 구현하는 능력을 배양하기 위한 종합형 과목 등과 같이 세 가지로 분류할 수 있다.

물론, 위에서 말한 분류가 절대적인 것은 아니지만, 산업 현장에서는 주어진 상황을 공학적인 문제로 정의를 하지 못한다면 문제 해결의 초기 단계에서부터 상당한 어려움을 겪을 수 밖에 없다.

창의성은 지식형이나 분석형 교과의 이수를 통하여 길러지지 않으며, 설계 능력은 한두 번의 연습으로 얻어질 수 없다. 다만, 여기에서 설계 능력이라고 하는 것이 단순히 드로잉(Drawing)을 하는 능력만을 의미하는 것이 아님을 다시 강조한다. 설계 능력이란 시스템을 이해할 수 있는 능력을 말한다.

효과적인 공학설계 교육을 위해서는 지식형 과목과 분석형 과목 및 종합형 과목이 적절한 균형을 이루어야 할 필요가 있다. 또한, 종합형 과목의 운영은 일방적인 지식의 전달이 아니라 학생들이 참여하는 토론 중심의 교수–학습활동을 하는 것이 바람직하기 때문에 학생들의 동기 유발을 위하여 현실적인 필요성을 공감할 수 있는 아이디어를 설계 교과의 실습 내용으로 제공해 줄 필요성이 있다. 이를 위해서는 관련 교과목의 유기적인 협조 체제는 물론 인접 학과간 연계 교육체제를 구축하여야 한다.

아이디어의 도출은 브레인스토밍(Brainstorming), 창조적 문제 해법(Synectics) 등을 통하여 창의적인 설계 개념의 도출과 스케치 등 회화적인 기법을 통한 개념의 표현법에 대해서도 집중적인 훈련이 필요하다.

공학설계 교육은 창의적 공학설계의 기초(공학설계의 기초), 창의적 공학설계, 전공교과 설계, 캡스톤 디자인(Capstone Design), 창의적 문제해결 능력 경진대회 등으로 구성할 수 있으며, 기존의 실험실습 교과와는 전혀 다른 내용임을 알아야 한다. 그 이유는 실험실습 교과의 경우에는 주어진 과제에 대한 정답이 존재하지만, 설계 교과의 경우에는 어떠한 경우에도 정답이라고 하는 개념은 없고 다만 과제에 대한 최적의 해가 존재할 뿐이기 때문이다.

공학설계의 기본적인 목적은 공학교육에 설계 개념을 도입하여 공학 이론의 체계적인 바탕위에 산업 현장에서 적용할 수 있는 실제의 시스템 기술을 논리적이고 체계적으로 학습하는 것이다. 따라서, 시장이 요구하는 제품에 대한 창의적인 아이디어를 도출하고 도면으로의 표현을 통하여 체계화시키고, 동작의 구현과 오류의 보완을 통하여 이를 상용화할 수 있는 수준까지 이르게 하는 전반적인 내용을 모두 다룰 수 있어야 한다.

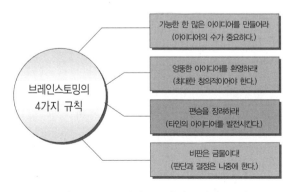

그림 1-1 브레인스토밍의 4가지 규칙

효과적인 공학교육의 완성을 위해서는 반드시 창의적 공학설계의 기초 교과를 이수하여야 한다. 창의적 공학설계의 기초 교과는 개개인의 전공 영역과는 전혀 무관한 내용을 다루어야 하며, 공과계통에 입학한 예비 공학자들에게 공학에 대한 기본적인 개념을 설명하고 아이디어의 창출과 기본적인 디자인 및 개인의 의사를 타인에게 전달할 수 있는 표현능력만 배양할 수 있으면 된다.

이 교과는 전공 교과와 관련한 심화과정이 아니기 때문에 보다 폭넓게 공학을 이해할 수 있도록 해 줄 필요가 있다. 즉, 전공교과의 학습 이전에 가능하다면 간단한 과제의 부여 등을 통하여 소재와 구조 및 동작 원리 등과 같은 기본적인 시스템에 대한 원리를 스스로 도출하고 문제점을 제기할 수 있으면 바람직하다.

이러한 과정을 통하여 창의력이 신장되고 전공하고자 하는 공학 분야에 대한 흥미와 창의적인 문제 해결 능력이 배양될 수 있기 때문이다.

한 가지 유의할 점은 교과의 과제 수행을 통하여 도출된 완성제품을 실제로 활용 가능할 수 있도록 해 주는 것이 필요하다는 것이다. 이는 공학의 최종적인 목표가 실용성에 있다는 점을 강조할 수 있기 때문이다.

1.3 공학설계 교육의 기본 요소

산업체에서 요구하고 있는 사항인 창의성과 협동작업 능력, 의사소통 능력 및 제품 설계 능력 등을 향상시키기 위해서는 제품의 설계와 제작 능력을 배양할 수 있는 체계적인 공학설계 교육이 필요하다.

공학설계 분야에서 다루어야 할 기본적인 요소는 창의력 개발, 개방형 문제의 취급, 설계방법의 개발과 적용, 문제의 정의, 대안의 제시, 가능성의 검토, 생산과정, 시스템에 대한 이해, 지적인 문장의 보고서 작성 능력과 발표 능력 등을 열거할 수 있다. 그 외에도 경제적인 요건과 안전성, 신뢰성의 확보, 디자인 감각, 직업윤리, 사회적 영향, 친환경적인 사고, 협동기술의 필요성 등을 들 수 있다. 다시 표현하면, 과학과 기술 및 경영 등이 복합적으로 엮어진 애매하고 복잡한 문제를 해결할 수 있어야 한다.

즉, 문제를 정확히 파악하고 독자적으로 해결해 나갈 수 있는 능력과 공학 내의 많은 전공분야들이 연관되어진 복합문제(Multidisciplinary Projects)를 해결할 수 있어야 한다.

공학설계 입문과정에서는 공학 전반에 걸친 문제를 체험하게 하여 창의력과 종합 분석력, 현장 적응 능력 등을 터득하게 하고, 흥미를 유발시키기 위하여 벤처기업의 정의 및 기본 개념, 특허법, 창업계획 등에 대한 개요를 제시할 필요가 있다. 이를 위해서는 특정 분야의 공학적인 이론보다는 공학의 다양한 개념 인식과 체험적인 실습을 통하여 실제적인 공학설계 능력을 우선적으로 갖추어야 할 필요성이 있는데, 이를 그림으로 나타내면 아래와 같다.

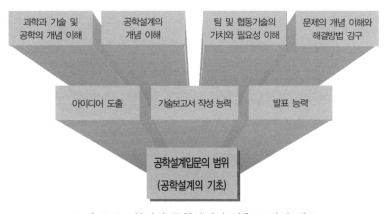

그림 1-2 창의적 공학설계의 기초 교과의 개요

1.4 공학설계의 기초

Clive L. Dym은 '설계란 그 형태와 기능이 목표에 부합하고 구체적인 조건들을 충족시키는 제품에 대한 체계적이고 지적인 창조행위임과 동시에 평가행위'라고 정의하였다.

공학설계에 대한 또 다른 정의를 보면 미국의 공학교육인증위원회(ABET : Accreditation Board for Engineering and Technology)에서는 '공학설계란 필요한 것을 만들기 위해 시스템, 요소, 프로세스를 고안하는 과정이다. 즉, 기초과학과 수학 및 공학을 적용하여 자원을 목표에 부합하도록 가공하는 의사결정 과정이다.'라고 표현하고 있다.

어떠한 표현으로 공학설계를 정의하든 효과적인 공학설계를 위한 첫 번째는 문제의 인식과 아이디어의 창출이다. 다양한 아이디어를 도출하고 이에 대한 문제의식을 갖고 논리적이고 체계적으로 문제를 해결해 나가는 과정을 말하며, 이 과정에서 획득한 공학설계의 수준이 어느 정도인가 하는 것은 곧 엔지니어의 능력을 가늠할 수 있는 척도가 되기도 한다.

따라서, 문제를 정확히 파악하고 독자적으로 해결해 나갈 수 있는 능력과 공학 내의 많은 전공분야들이 연관되어진 복합문제(Multidisciplinary Projects)를 해결할 수 있도록 부단한 노력을 하여야 한다.

이를 위해 창의력의 개발, 문제의 정의, 설계방법의 개발과 적용, 대안의 제시, 가능성의 검토, 생산과정과 시스템에 대한 이해 등과 함께 경제적인 요건과 안전성, 신뢰성의 확보, 디자인 감각, 직업윤리, 사회적 영향, 친환경적인 사고, 협동기술 등이 요구된다.

그림 1-3은 어떤 제품을 설계하기 위한 프로세스의 예를 나타낸 것이다. 물론, 프로세스의 예는 많은 연구자가 제시한 다양한 형태가 있지만, 그 외의 설계 모델에 대해서는 각종 문헌과 자료를 통하여 이해하길 바란다.

그림 1-3 공학설계 프로세스의 예

설계의 시작은 고객의 요구사항을 받아 들여 문제를 인식하는 것에서부터 시작된다. 고객의 요구사항을 충분히 수용하고, 실행과 관련한 규약이나 산업 표준과 같은 법적 규제 및 완료일 등과 같은 제한 사항의 검토와 함께 친환경적인 요소는 가미되었는지 등에 대한 검토를 통하여 설계를 수행하고자 하는 부분에 대한 영역의 정립과 문제에 대한 정의를 하여야 한다. 또한, 다양한 형식의 시장 조사를 통해 고객의 요구와 설계할 제품의 특성과의 관계 및 경쟁 제품에 대한 벤치마킹도 할 필요가 있다.

다음은 개념 설계의 단계이다. 개념 설계란 아이디어를 도출하고 각종의 정보 수집 활동을 통하여 스케치(Sketch)나 프리핸드(Free Hand)를 하면서 광범위한 해결안을 도출하기 위한 중요한 과정이다.

스케치는 다양한 형태로 쉽게 표현할 수 있고 수정도 용이하기 때문에 설계의 개선이 쉽다는 이점이 있다. 그러나 스케치를 하기 위해서는 공학적인 지식은 물론, 생산 방법과 마케팅 영역까지도 고려되어야 하기 때문에 부단한 노력이 필요하다. 사실적으로 설계와 관련된 능력은 개념 설계 단계에서 거의 확정 지어질 정도로 매우 중요한 부분이며, 이후에는 설계과정이라기 보다는 도면화를 하는 과정이라고 볼 수 있다.

예비 설계 단계는 개념 설계 단계에서 결정한 설계의 개념이나 대안으로 제시한 부분 등에 대한 검증을 위하여 원형 개발, 모의실험, 컴퓨터 시뮬레이션 등과 같은 방법을 통하여 설계를 완성해 나가는 단계이다. 설계된 내용을 그대로 제작을 할 경우에는 비용과 시간적인 측면 등이 문제가 될 수 있기 때문에 설계의 내용에 따라 필요한 방법을 적용하여 실험할 수 있다.

즉, 이 단계는 아이디어를 구체화시키기 위한 단계이기 때문에 크기, 형태, 색상, 성능, 품질, 수명 등과 같은 제품의 개략적인 윤곽을 설계하는 과정이며, 신뢰성, 보전성, 내구성, 스타일 등에 대한 검토도 이루어져야 한다.

상세 설계는 예비 설계 단계에서 선택된 설계와 실험 및 평가 결과 등을 근거로 하여 선택된 설계를 정제하고 최적화시키는 최종 설계 과정이다.

이 과정을 통하여 도면을 완성하고, 필요한 경우에는 시방서 등과 같은 제조 명세를 작성하여야 한다. 또한 이 과정에는 설계 검토과정이나 공청회 및 베타 실험 등도 포함되며, 기능설계(Functional Design), 형태설계(Form Design), 생산설계(Production Design)의 단계를 거칠 필요가 있다.

기능 설계란 기능이나 성능을 구체화하는 과정이며, 형태 설계는 스타일에 대한 디자인을 의미하고 생산 설계는 생산비용의 절감이 가능한 동시에 기능과 제품 스타일에 영향을 주지 않는 설계변경의 여부를 검토하는 과정이다.

설계 의사소통이란 엔지니어가 작성한 완성된 도면과 제조 명세서 등을 근거로 최초의 고객 기술문에서 요구한 내용에 적합한 설계를 수행하였는가에 대한 확인을 하는 과정으로 제조 명세의 정당성 등을 고객에게 제시하고 해당 내용에 대한 동의를 구하고 기록으로 남겨야 한다. 이때, 고객이나 사용자로부터 제시받은 내용이 있을 경우에는 즉시 피드백(Feedback)을 하여 수정하도록 한다.

그림 1-3에서 각 항목별 순서를 준수할 경우에는 기본적으로 편리하고 연속성이 있는 설계 프로세스가 확보될 것으로 판단하지만 경우에 따라서는 적절히 변형하여 활용해도 무방하다. 다만, 필요하다고 판단되는 경우에는 언제나 모든 단계에서 피드백이 가능한데, 피드백이란 프로세스의 결과물에 대한 정보를 다시 프로세스로 되돌려서 보다 향상된 결과를 이룰 수 있도록 하기 위하여 사용하는 매우 중요한 요소이다.

제2장

창의적인 사고 능력의 배양

 학습목표

◉ 창의성이 무엇인지에 대한 충분한 이해와 함께 공학도에게 창의성이 필요한 이유에 대하여 설명할 수 있다.

◉ 창의력이 공학설계에 미치는 영향을 이해하고 창의력의 신장을 위한 다양한 수단과 방법을 열거할 수 있다.

◉ 생활 속에서 다양한 아이디어를 도출할 수 있는 기법과 전략을 구축할 수 있으며, 도출된 아이디어를 발명으로 이어갈 수 있다.

2.1 창의적 교육의 필요성

공학을 전공하는 사람이 갖추어야 될 요소 가운데에서 중요한 것 중의 하나가 '창의력'이며 공학도는 창의적인 문제 해결 전략을 수립할 수 있는 능력을 지녀야 한다.

창의력이 무엇인가를 시사적으로 알려주는 이야기가 있다. 몇 해 전 미국 어느 일간지의 '믿거나 말거나'라는 칼럼에 이런 기사가 실렸다.

당신이 만약 쇳덩어리 하나를 있는 그대로 그냥 팔면 5달러 정도 받을 것이다. 만약 당신이 그 쇳덩어리를 가지고 말발굽을 만들어 판다면 10달러 50센트까지 가치를 높여 팔 수 있을 것이다. 그런데 말발굽 대신 바늘을 만들어 팔면 3,285달러를 받을 수 있을 것이고, 혹은 시계의 부속품인 스프링을 만들어 판다면 25만 달러 정도까지 그 값어치를 높일 수 있을 것이다. 5달러와 25만 달러와의 차이, 이것이 바로 창의력인 것이다.

즉, 생각을 바꾸자는 말이다. 우리가 일상에서 자주 사용하는 '생각'이란 말은 어떤 의미일까? '생각'이라는 표현을 사전적으로 찾아보면 다음과 같은 의미를 가지고 있다.

- 사람이 머리를 써서 사물을 헤아리고 판단하는 작용
- 어떤 사람이나 일 따위에 대한 기억
- 어떤 일을 하고 싶어 하거나 관심을 가짐
- 어떤 일을 하려고 마음을 먹음
- 앞으로 일어날 일에 대하여 상상해 봄
- 어떤 일에 대한 의견이나 느낌을 가짐 또는 그 의견이나 느낌
- 어떤 사람이나 일에 대하여 성의를 보이거나 정성을 기울임
- 사리를 분별함 또는 그런 일

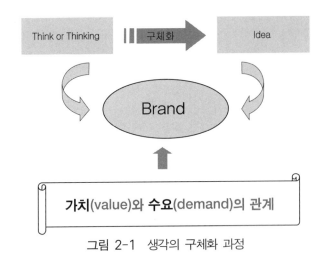

그림 2-1 생각의 구체화 과정

최근 널리 사용되고 있는 단어 중의 하나가 창의성(Creativity)인데, 사전적인 의미로는 '새로운 것을 만들어 내거나 발견해내는 능력' 또는 '기존의 아이디어를 새롭게 보거나 새로운 아이디어를 만들어 내는 능력'이다.

그러나, 창의적이란 의미를 현실적으로 보면, 어떤 문제에 대한 새로운 방법이나 고안으로부터 시작하여 구상된 사고를 구체화하는 단계까지를 포함하기 때문에 사실은 쉽지 않으며, 대부분의 사람들은 창의성을 강조하면서도 특별한 방법을 찾아내지 못하는 것이다.

즉, 창의성은 사고능력, 사고양식, 지식의 양, 성격, 동기, 사회 문화적 환경 등과 같은 다양한 요소에 의해서 발달, 발현될 수 있는 특성을 갖고 있으며, 창의적인 사람들은 무질서·모순·불균형 등에 강한 흥미를 보이고, 그들은 때로 불균형과 무질서가 하나의 재미있는 현상이라고까지 여긴다. 창의적인 사고를 다른 말로 표현한다면 빅 아이디어(Big Idea)라고도 표현할 수 있다.

(1) 기존 방식을 답습하지 않음으로써 발생할 수 있는 위험부담을 감수한다.

개혁을 버리는데서 출발하는 것이라고 본다면, 새로 시작하는 것이 중요한 것이 아니라 이전의 관행을 따라하지 않는다는 것이 더 중요하다.

(2) 다양한 사고를 한다.

하나의 문제 해결에 있어 단 하나의 정답을 찾을 것이 아니라 다수의 해를 찾아낼 수 있는 능력을 의미하며, 논리적인 사고와 대처 방안을 다양한 각도에서 고찰할 수 있어야 한다.

(3) 유머 감각이 있다.

권위와 체면 등과 같은 형식에 얽매이면 자유로운 생각이 떠오를 수 없기 때문에 유용한 유머 감각이 필요하게 된다. 웃음은 긴장을 완화시키고 힘든 과제에 도전할 수 있는 힘을 주기 때문에, 유머 감각이 있다는 것은 마음을 개방시켜 새로운 아이디어에 노출될 수 있도록 해 주는 것이다.

(4) 창의성 교육의 필요성

'창의성 교육이 무엇 때문에 필요할까?'

앞으로의 세계는 공식을 암기해서 주어진 문제를 잘 풀어내는 인재를 더 이상 필요로 하지 않기 때문이다.

인류가 필요로 하는 인재는 스스로 문제를 발견하고 이전에 한 번도 풀어본 적이 없는 문제를 스스로 해법을 찾아내어 해결을 하고, 결과적으로 인류가 직면한 여러 가지 문제(암, 에이즈 등을 퇴치하는 약을 개발하거나 환경, 에너지 문제 등을 해결할 수 있는 획기적인 방법을 개발해 내는 등)를 시원스럽게 해결해 줄 수 있는 능력을 가진 사람, 또는 그렇게 거창하게 생각하지 않더라도 일상적인 삶에 있어서도 새로운 아이디어를 내서 생활의 편의를 도모하거나 삶에 활력소를 주는 '창의적인 사람'을 필요로 하고 있기 때문이다.

창의성이란 새로운 것, 남이 잘 하지 않는 자기만의 생각이나 가치가 있는 것을 만들어 내는 능력(이것을 창의력이라고 한다)과 그런 능력을 뒷받침해 주는 성격상의 특성(이것은 창의적 성격이라고 한다)을 합한 것이라고 생각하면 된다. 여기서 새로운 것이란, 사회에서 보아서 새로운 것이 있고 스스로의 입장에서 보아서 새로운 것의 두 가지가 있는데, 교육에서는 학습자 자신의 입장에서 보아 새로운 것을 더 중요시한다.

창의성을 가미한 개인 생각의 변화가 기존의 시장을 새로운 시장으로 변모를 시킨 예는 국내외적으로 무수히 많이 들 수 있지만, 가까운 곳에서 찾아보면 친환경 산업을 성공적으로 유치한 인구 6만명 정도에 불과한 전라남도 함평군을 들 수 있다.

그림 2-2   제9회 함평 나비 대축제

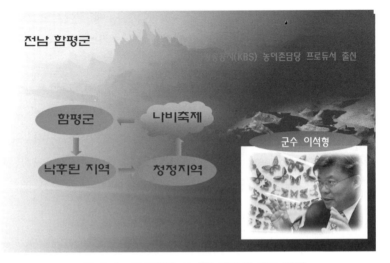

그림 2-3   창의성을 가미한 개인의 사고 전환

◆ 나비가 없으면 오게 하자.

◆ 함평천 둔치에 꽃을 심다.

◆ 나비연구소 설립

◆ 7년간 35억 투자로 6200억 수익 창출

◆ 2004년 이후 300만명 이상의 체험 활동 참가

◆ 나비 쌀 생산

그림 2-4 사고의 전환을 성공으로 유도하기 위한 전략과 효과

그림 2.3은 일반적인 수직적 사고에 수평적 사고를 가미하여 발상의 전환을 가져온 창의적인 사고의 예를 나타낸 것이다. 제시한 그림들을 참고하여 스스로 생활 주변에서 찾아볼 수 있는 예를 활용하여 다양한 창의적 활동을 해보기 바란다.

2.2 창의성과 지능과의 관계

지능(Intelligence)의 사전적인 의미는 '학습능력과 적응능력으로 구성되며, 본능적 반응들과는 구별되는 추상적 능력' 또는 '배우고 이해할 수 있는 능력 혹은 복잡한 상황에 대처할 수 있는 능력'으로 표현된다. 그러면 창의성과 지능은 어떤 함수관계를 갖고 있는가?

학자들은 일정 수준 이상의 지능은 창의성과 큰 관계가 없는 것으로 간주한다. 즉, 대단히 지적인 사람이 반드시 대단히 창의적인 사람을 의미하는 것은 아니라는 뜻이다.

기존 연구들에서 창의성과 지능은 관련되어 있되 그 상관의 정도가 크지 않은 것으로 밝히고 있다. 다시 말하면, 창의성과 지능은 각각 고유한 특성을 가지면서 부분적으로는 서로 공통된 부분을 갖고 있다는 것이다.

그러나, 창의성을 성격적 특성으로 보는 관점에서 지능과 창의성과 성격의 관계를 비교한 연구 결과를 보면, 독창적인 사고를 위해서는 창의성이 지능에 우선함을 알 수 있다.

결과적으로 보면, 지능이 높으면 지혜가 있고, 지혜가 있으면 머리가 좋고 공부를 잘 할 수 있다. 지능이 높으면 창의성이 높을 수는 있지만 아주 높은 것은 아니고, 반대로 창의성이 높다고 머리가 좋은 것은 아니다. 또한 창의성이 높다고 지혜로운 것은 아니고, 지혜롭다고 해서 반드시 창의성이 높은 것은 아니다. 즉, 창의성의 하위 요소로서의 지능 또는 지능의 하위요소로서의 창의성과 같이 두 종류의 주장이 공존하고 있다.

2.3 창의력의 신장

(1) 고정관념의 틀을 벗으려고 하는가?

우선 자신은 창의적인 사람이 못 된다는 고정관념의 틀에서 벗어나야 한다. 즉, 나도 무엇인가 창의적인 일을 할 수 있는 사람이라고 생각하는 것이 중요하다. 이 세상 모든 사람들은 태어날 때 창의력을 가지고 태어난다. 나라고 해서 특별히 창의력을 버리고 태어나지 않았다는 것을 똑바로 인식해야 한다. 그러므로 스스로 창의적인 사람이라고 믿고 고정관념의 틀을 벗어나야 한다. 항상 기존의 틀 속에서 생각하면 새로운 아이디어는 떠오르지 않는다. 언제나 새로운 아이디어를 갖기 위해서는 오늘 알고 있던 지식이라도 내일을 위해서는 변화를 주어야 한다.

(2) 남의 이야기에 귀를 기울이는가?

사람들은 이야기를 듣는 것보다 이야기하기를 좋아한다. 남의 이야기나 사소한 불평에 귀를 기울이는 것이 필요하다.

(3) 도전적이며 위험을 감수하는 편인가?

스스로 창의적인 사람이 되기 위해서는 실패를 두려워하지 말고 도전해야 한다. 실패에 대한 두려움이 앞서면 아무 것도 시도를 하지 못한다. 아무리 창의적인 생각이 떠올라도 실패를 두려워하면 실행을 하지 못하고, 설사 실행에 옮길지라도 실패를 염두에 둔다면 성공하지 못할 것이다. 성공이란 대개 한 번의 시도로 이루어지는 경우가 드물다. 몇 번의 실패를 거듭한 끝에 실패 속에서 계속 학습한 것을 바탕으로 성공하는 것이다.

(4) 차별성이 있는가?

다른 사람이 모두 생각하고 있는 것을 내가 생각해낸다면 생각에 있어서의 차별성은 없다. 그러나 다른 모든 사람들이 알고 있어도 실행하지 않는 것을 내가 실행한다면 그것은 차별성이 있는 것이다. 행동으로 발휘한 차별성은 곧 창의적인 것이다.

(5) 서로 다른 것을 조합하고 연결할 수 있는가?

서로 연관성이 없는 별개의 요소를 합침으로써 얻는 효과가 바로 창의성이다. 이렇게 보면 창조성은 유머와 유사하다. 창조적이 되려면 유머를 만들어 보는 것이 필요하다. 유머는 창조적인 사람들의 공통적인 특징이다. 창조성 연구에 의하면, 초등학교의 아이들 중 장난스럽고 유머가 있는 아이들이 창조적인 아이들의 특징으로 나타난다고 한다. 창의력과 창조성은 여러 가지의 유머에서 찾아볼 수 있다.

뛰어난 유머를 만들어내려면 뛰어난 지식과 정보가 입력되어야 한다. 마찬가지로 창의적이 되려면 평소에 정보 입력을 많이 해 놓아야 한다. 입력이 많은 상태에서 창의력을 발휘할 수 있는 조건은 문제의식을 갖고 있어야 한다.

(6) 뒤집어 생각할 줄 아는가?

뒤집어 생각하는 것이 창의적인 경우가 있다. 외국의 한 신문에 '현재 우리나라 하원의원들의 절반은 도둑이다.'라는 기사가 났다. 하원 전체가 발칵 뒤집혔고 하원의원들이 격렬하게 항의하는 사태가 일어났다. 하원의원들은 즉각 신문사에 정정 기사를 게재하도록 요구하였으며, 신문사는 결국 하원의원들의 압력에 굴복하여 정정 기사를 게재하였다. 그 정정 기사를 본 하원의원들은 그제야 잠잠해졌다고 한다. 그런데 정정된 기사의 내용은 '현재 우리나라 하원의원들의 절반은 도둑이 아니다.'라는 것이었다고 한다.

또 하나의 예를 들어보면, '애드립의 기술'이라는 책에 나오는 이야기이다. 미국의 클린턴 전 대통령 부부가 주유소에 갔다가 우연히 힐러리 부인의 옛 남자 친구를 만났고, 돌아오는 길에 클린턴이 "당신이 저 남자와 결혼했다면 주유소 사장 부인이 됐겠지?"라고 물었는데, 힐러리가 "아니, 저 남자가 미국 대통령이 되어 있었을 거야."라고 답을 했다고 한다.

(7) 자유로운 발상을 하는가?

나는 자유로운 발상을 하는 습관이 있는가? 자유발상법은 양이 질을 선도할 수 있다는 전제를 깔고 있다. 창조적이기 위해서는 모든 면에서 관대하고 융통성 있는 기준을 가져야 한다. 너무 규칙과 규정에 얽매이다 보면 창조적인 발상을 할 수가 없다. 이 방법은 자유로운 생각을 통하여 가능성이 있는 모든 아이디어를 만들어내는 것이다.

(8) 질문을 많이 하는가?

질문법은 변화와 개선을 추구하기 위해 무엇이 필요한가를 계속 질문하는 것이다. 물론 질문을 위해서는 평상시에 질문을 종이에 써 놓아야 한다. 끊임없는 질문들을 계속적으로 만들고, 이해관계인들에게 질문을 하여 답변을 구하는 것이며, 질문의 대상이 다양할수록 좋다.

(9) 기록은 잘 하고 있는가?

창의적인 발상을 하여도 기록해두지 않으면 무용지물이 되고 만다. 기록의 한 방법 중에 어휘목록 기록방법이 있는데, 특정 어휘를 목록화하는 방법이다. 예를 들면 '소형화'란 어휘를 놓고 '무엇을 소형화할 수 있을까?'에 대한 목록을 만들 때, '가습기의 크기를 소형화한다.'든지, 'CD를 USB 카드로 소형화한다.' 등을 나열하는 방법이다.

'대체'라는 어휘도 마찬가지이다. '자동차 연료를 휘발유에서 전기로 대체한다든가,

문서결재를 컴퓨터 전자결재로 대체한다든가, 현금지불을 신용카드 지불로 대체'하는 등을 나열하는 방법이다.

(10) 남의 아이디어를 살 줄 알고, 자기의 아이디어를 팔 줄 아는가?

자기가 낸 창의적인 아이디어를 기술거래소 등을 통하여 주위에 적극적으로 팔기 위해서는 필요한 정보와 자료를 수집하고 분석하여야 한다. 아이디어를 팔 때 필요한 것은 단순한 화술이 아니라 구체적인 데이터이다. 구체적인 자료 제시를 통해 남을 설득해 나갈 수 있어야 한다. 남의 아이디어를 살 때도 마찬가지이다. 본인이 풍부한 정보와 자료를 가지고 있어야 남의 아이디어를 살 수 있는 평가 기준을 갖게 된다.

2.4 발명의 기법

(1) 더하기 발명

발명의 기법 중에 가장 쉬운 것이 더하기 기법이다. '사물+사물'과 '방법+방법'으로 정리할 수 있다. 즉, '연필+지우개=지우개 달린 연필'이 미국의 이름 없는 가난한 화가를 세계적인 발명가로 변신시켜 놓은 예를 들 수가 있다. '송화기+수화기=전화기'나 보온 겸용 밥솥, 목걸이 시계와 같은 패션 액세서리, 원피스, 1회용 반창고, 냉·난방기 등 수많은 발명품들이 더하기 발명들이다.

이때, 주의할 점은 두 가지 이상의 기능을 더한 결과 이전의 물건보다 기능이 우수하고 편리해야 한다는 원칙을 잊지 말아야 한다. 실제 강의 활동을 통하여 학생들에게 해당 내용에 대한 생각을 직접 표현하도록 한 결과 아래와 같은 내용들을 도출할 수 있었다.

- 대형차의 에어식 브레이크와 유압식 브레이크의 결합 (고성훈)
- 핸드폰에 카메라, MP3, 보이스 레코더, 라디오, 동영상 플레이어 등 내장 (구정용)

- 네비게이션과 DMB의 결합 (김건오)
- 색깔이 다른 종류의 볼펜을 하나로 만든 경우 (김관후)
- 컴퓨터 모니터와 본체가 결합된 제품 (김현준)
- 마이크에 노래반주기의 기능을 포함한 제품 (남창보)
- 모자와 티셔츠를 결합한 후드 티 (문형민)
- 운동화와 바퀴의 결합 (박건호)
- 끈 달린 명찰 (송영진)
- 의자에 바퀴를 부착한 이동식 의자 (신정호)
- 전자 카드(신용카드, 직불카드, 금전, 신분증, 열쇠, 교통카드 등) (이찬원)
- 팬티와 스타킹을 합친 팬티 스타킹 (장양제)
- 복합 사무기 (정진성)

(2) 빼기 발명

세상의 물건들 중에는 빼서 좋아지는 것도 있다. 즉, 시멘트 블록에 2, 3개의 구멍을 뚫어 강도를 높이면서도 경제적으로 만든 것이나, 빗 손잡이에 구멍을 뚫어 재료를 절감하는 것이 빼기 발명이다. 설탕이 없는 무가당 주스, 튜브가 없는 타이어, 연통이 없는 난로 등이 빼기 발명의 대표적인 예이다.

이때, 주의할 것은 제거함으로 인하여 모양이 나빠지거나 기능이 떨어지면 곤란하고, 오히려 기능이 향상되고 모양이 좋아지면 성공적인 발명이 될 수 있다. 실제 강의 활동을 통하여 학생들에게 해당 내용에 대한 생각을 직접 표현하도록 한 결과 아래와 같은 내용들을 도출할 수 있었다.

그러나, 빼기의 경우에는 생각에 따라 변형, 또는 대체 등으로도 판단할 수 있는 부분도 있을 수 있기 때문에 많은 고려가 필요하다.

- 자동차의 천정 부분을 제거한 오픈 카 (강무경)
- 끈이 없는 브레지어 (곽찬주)
- 연탄에 구멍을 낸 경우 (김도원)
- 무알콜 맥주 (김태호)

💡 영사기를 제거한 디지털 영화관 (류지완)

💡 원피스 수영복의 비키니화 (서정우)

💡 자동차 구성 부품의 일부가 제거되고 전자화 (오재환)

💡 창이 없는 모자 (류경환)

💡 안경테를 없애고 콘텍트렌즈화 (유대영)

💡 필름을 제거한 디지털 카메라 (이기석)

💡 휴대폰과 자동차 등의 통신기기에서 안테나 제거 (전익수)

💡 옷의 일부를 제거한 경우(예를 들면 비키니 등) (조경효)

💡 자동차 클러치 시스템의 제거 (진형주)

💡 피부의 점이나 반점 제거를 통한 성형 (최성덕)

💡 조이스틱, 마우스, 키보드, 인터넷, 리모컨, 전화기 등의 무선화 (허민)

(3) 모양 바꾸기 발명

'보기 좋은 떡이 먹기도 좋다.', '같은 값이면 다홍치마'라는 우리의 속담이 있듯이 같은 기능이라면 모양이 좋은 것을 좋아하기 마련이다. 특허, 실용신안, 의장, 상표 등 산업재산권 중 모양에 관련된 것이 의장이다.

유선형 만년필을 만든 파카는 의장으로 세계적인 만년필 왕이 되었다. 전화기, 세탁기, 라디오, 시계, 선풍기, 접시 하나까지도 의장등록이 되어 있어 독점 판매하고 있는 제품들이 무수히 많다. 또한 모양뿐 아니라 옷감의 무늬도 의장에 해당된다. 예쁘고 멋진 무늬를 만들어 내는 것도 발명의 한 방법이다.

(4) 용도 바꾸기 발명

모든 물건에는 나름대로 주어진 용도가 있다. 하지만 모든 물건들이 꼭 정해진 용도로만 사용되는 것은 아니다. 전혀 생각하지 못했던 용도로 사용될 수도 있는 것이다. 일명 찍찍이라 말하는 매직테이프는 야구놀이를 하는 장난감에 응용되었고, 전등은 조명의 역할뿐만이 아니라 살균의 역할을 담당하는 살균램프로 이용되기도 한다.

(5) 크거나 작게 하는 발명

어떤 물건을 크게 하거나 작게 함으로써 보다 편리하게 활용될 수 있다면 그 자체가 발명이 되는 것이다. 또한 길거나 짧게 한다든지, 시간이 오래 걸리게 하거나 짧게 걸리게 하는 것도 해당된다. 트랜지스터 라디오, 얇은 손목시계, 접는 우산, 소형사진기 등이 이런 발명품에 해당한다. 이때, 주의할 점은 크거나 작게, 길거나 짧게 한다고 하여 기능이 저하되거나 사용하기 불편해지면 발명이라 할 수가 없기 때문에 보다 편리해져야 되는 것이 원칙이다.

(6) 재료 바꾸기 발명

재료만 바꾸어 발명품을 만드는 것은 어렵고도 쉬운 일이다. 종이컵, 나무젓가락, 플라스틱 그릇, 고무장갑, 가죽장갑, 털장갑, 스테인리스(Stainless) 김칫독, 흙벽돌, 시멘트 벽돌, 연탄재벽돌 등 수많은 물건들이 재료만 바꾸어 새롭게 탄생시킨 발명품들이다. 새로운 소재를 개발하는 것은 어려운 발명이기 때문에 과학자들에게 맡기고, 학생들은 보다 편리하고 경제적이며 효율적인 재료를 선택하는 등과 같은 쉬운 발명에 노력을 해야 할 것이다. 역시 이 경우에도 주의할 점은 재료만 바꾼다고 해서 발명이 되는 것은 아니다. 재료를 바꿈으로써 보다 편리하고 유용하며 소비자들에게 사랑을 받을 수 있어야 한다.

(7) 거꾸로 하는 발명

모양, 크기, 방향, 수, 성질 등 무엇이든 반대로 생각해 보자. 공중에서 돌아가는 팽이, 양말에서 비롯된 벙어리장갑, 장갑에서 비롯된 발가락 양말, 큰 동물은 작은 인형으로, 작은 동물은 큰 인형으로 만드는 발명 등이 바로 거꾸로 하는 발명이다.

현대인은 새로운 것을 희망한다. 고정관념을 깬 색다른 물건을 좋아한다는 뜻이다. 지금부터 거꾸로 생각해 보자. 그러면, 미처 생각하지 못한 수많은 발명품이 떠오를 것이다.

(8) 남의 아이디어 빌리기 발명

남의 아이디어를 빌려 발명하는 것은 매우 간단하다. 하지만 너무 지나치게 빌리게 되면 모방이 될 뿐 발명이라 할 수 없게 된다. 실용신안제도가 바로 그것이다.

예를 들어, 쥐 잡는 틀을 빌려서 바퀴벌레 잡는 틀을 만들고, 파리 잡는 끈끈이로 바퀴벌레 잡는 끈끈이를 만드는 것이 대표적인 예이다. 남의 아이디어를 빌려 발명을 하려면 원 발명자의 생각보다 새로운 기능이 추가되어야 한다. 또한 원 발명자에게 폐를 끼치지 않아야 된다는 것을 염두에 두어야 한다.

(9) 폐품을 이용한 발명

폐품은 어떤 형태와 기능이든 그 형태와 기능을 유지하고 있기 때문에 창작이 아닌 개선만으로도 손쉽게 발명품을 만들 수가 있다.

폐품을 그대로 사용하면 중고품이 되는 것이고, 개선하여 사용하면 재생용품 또는 발명품이 되는 것이다. 음식물 찌꺼기에서부터 공업용품까지 모든 폐품은 활용 가치를 지니고 있다.

일본이 오늘날과 같은 발전을 이룬 것이 바로 폐품을 이용한 발명에 그 뿌리를 두고 있다는 것을 알아두자. 버린 가죽으로 골무나 장갑, 지갑을 만들어 내는 등 이루 헤아릴 수 없을 사례가 폐품을 이용한 발명이다.

(10) 불가능한 발명은 피하자

발명은 꿈도 이상도 아니다. 곧 현실이다. 실용적이어야 발명품이라 할 수 있다. 또한 자신과 사회, 국가, 인류에 발전을 가져올 수 있어야 한다.

세계적으로 가장 성공한 발명을 열거한다면 철조망, 코카콜라 병, +자 나사못, 미키마우스 등과 같은 것이 있다. 일확천금을 노리기 위한 엄청난 발명을 기획하고 있다면 당장 그만두는 것이 좋을 것이다.

특히 '쇠로 금 만들기', '늙어도 죽지 않는 약', '영원히 멈추지 않는 기관'과 같은 3대 불가능 발명영역은 아예 손도 대지 않는 것이 좋을 것이다.

2.5 발명의 전략

(1) 출원을 서두르자

발명이 완성되면 하루 빨리 특허청을 찾아 출원을 해야만 한다. 이는 발명품에 대한 모든 권한을 부여받는 것으로 출원하지 않으면 권리가 주어지지 않는다. 같은 내용을 뒤늦게 다른 사람이 출원한다면 권리는 선 출원자에게 돌아가게 된다. 이를 선 출원주의라 한다.

세계적으로 발명품을 살펴보면 같은 내용이 수없이 많다. 이들 중 가장 먼저 출원한 사람만이 같은 발명품에 대한 권리를 갖게 된다.

(2) 시간은 돈이다

짧은 시간이라도 틈만 나면 보다 편리한 생활을 만들기 위한 아이디어 계발에 몰두하여야 한다. 일본의 한 부인은 아들의 병간호를 위해 병원에 있는 동안 우연히 '아이디어 발상법'에 관련된 책을 보게 되었다. 병간호 기간 중 병실에서의 불편함을 해소하기 위해 눈 여겨 관찰하던 중 환자들이 우유를 빨대로 먹는 것을 관찰하게 되었다. 몸이 불편한 환자들이 우유를 먹을 때마다 일어나 앉아 먹는다는 것이 불편함을 깨닫고 주름 빨대를 개발하였다.

(3) 목표를 분명히 세워야 한다

뚜렷하고 구체적인 목표를 가진 사람은 이미 성공한 셈이라고 한다. 우왕좌왕하지 않을뿐더러 시간을 아끼고 능률적으로 생활할 수 있기 때문이다. 발명도 이와 마찬가지로 뚜렷한 목표를 정해 꾸준히 노력하는 것이 중요하다.

(4) 한 가지에 몰두해야 한다

우물을 파려면 한 곳을 집중해서 깊게 파야 한다. 쓸데없이 넓게 파서는 절대 물이

나오지 않게 된다. 발명도 마찬가지로 한 가지에 몰두하여 연구를 집중해야 한다. 이런 과정에서 아이디어가 샘솟고 이에 따른 수입도 올릴 수가 있는 것이다.

(5) 발명에도 시기가 있다

발명에 성공하려면 현재보다 딱 한발만 앞서야 한다고 한다. 대부분의 사람들이 유행을 따르는 것은 쉽게 결정하지만 습관을 깨뜨리는 것은 매우 꺼리는 심리가 있기 때문이다.

(6) 현장 기술을 중시하라

물건을 제작하는 현장에서 문제가 발생한다면 이는 발명의 기회가 온 것이다. 문제 해결이 곧 발명이라고 할 수 있다. 개량과 개선은 실용신안과 의장 수준의 작은 발명이라 우습게 취급할 수도 있으나 이런 작은 발명들이 모여야만 큰 발명이 될 수 있는 것이다.

새로운 기술을 개발해 내려는 노력보다는 현재의 불편함을 개선해 보다 편리한 개량품을 만들어 내는 것이 효과적이며 합리적이다.

(7) 발명에도 시간과 장소가 있다

머리가 맑은 아침이 사람의 운명을 좌우한다고 한다. 베토벤과 모차르트도 새벽에 작곡을 하였으며, 철학자 칸트도 아침 산책길에 사색에 잠겼다고 한다. 발명왕 에디슨도 이른 아침에 연구실을 찾았다고 한다.

아이디어가 잘 떠오르는 시간대를 살펴보면 우선 이른 아침, 배고플 때, 곤경에 처해 있을 때, 산책할 때 순이고, 장소를 살펴보면 침대 위, 화장실, 자동차 안의 순이다.

(8) 기록은 발명의 생명이다

사람은 기억이 지워지는 망각의 기능이 있기에 살아가고 있다. 태어나서 벌어지는 모든 것들을 기억하고 있게 된다면 평균수명이 짧아질 것이다.

하지만 순간순간의 아이디어가 생명인 발명에서는 가장 위험한 것이 망각이다. 등교

길에 아주 기발한 아이디어가 떠올랐는데 학교에 들어서서 생각하니 도무지 기억이 나질 않게 된다. 아무리 좋은 생각이라도 기억이 나질 않으면 소용없는 일이다.

(9) 수집은 발명을 도와준다

인간의 발전은 수집에서 시작하였다. 씨앗을 모으고 도구를 모으는 생활에서 문명이라는 것이 탄생되었다고 본다. 씨앗을 수집하던 것이 농업이 된 것이며 도구를 모으던 것이 문명의 발전을 가져온 것이다.

그러나, 종류가 다른 것들을 많이 모으는 것은 도움이 되질 않는다. 같은 종류로 많은 것을 모아보면 발명에도 도움이 될 것이다.

(10) 색깔에 관심을 가져라

'같은 값이면 다홍치마'라는 속담이 있듯이 물건의 색채는 판매에 영향을 미칠 수 있다. 팬티 하면 흰색이라고 생각하던 시절에 빨간색 여성용 팬티를 만든 사람은 대성공을 거두는 결과를 가져오게 되었다.

이를 시작으로 무지개색 팬티도 만들고 색깔이 있는 구두도 만들게 된다. 팬티는 흰색, 구두는 검정색이라는 고정관념을 깨고 보면 같은 모양이라 하더라도 훨씬 우수해 보이는 다양한 다른 색의 제품을 만들 수 있다. 색깔의 용도와 미적 감각을 고려한 제품의 개발은 곧 발명이라 할 수 있다.

제3장

제품설계시의 고려사항(1)

3.1 제품설계

3.2 기술경영

3.3 동시공학

 학습목표

⦿ 제품설계에 필요한 여러 가지 관련 지식을 이해하고 다양한 고려사항을 실제 공학적 설계에 적용할 수 있다.

⦿ 기술경영의 개념과 필요성을 이해하고 창의적인 공학적 문제 해결을 위한 프로세스에 기술 경영의 이론을 적용할 수 있다.

⦿ 동시공학의 개념과 필요성을 이해하고 창의적인 공학적 문제 해결을 위한 프로세스에 동시 공학의 이론을 적용할 수 있다.

3.1 제품설계

제품의 제조에 필요한 부품 또는 부품과 부품간의 상호 관계를 결정하고 시방서를 만들어 기존의 공정을 변경하거나 새로운 공정을 설계·제작할 수 있게 하는 일을 제품설계라고 하며, 시방서란 공사나 제조를 위한 일정한 순서를 적은 문서 또는 제조와 공사에 필요한 재료의 종류와 품질, 사용처, 시공 방법, 제품의 납기, 준공 기일 등 설계 도면에 나타내기 어려운 사항을 명확하게 기록한 문서를 말한다.

기업의 성패는 기업이 창출하는 제품이나 서비스에 달려 있다. 제품이나 서비스를 잘 선정하고 잘 설계된 제품을 공급하는 기업은 소비자의 요구를 충족시킬 수 있을 뿐 아니라, 설계가 잘된 제품은 제조과정에서도 원가의 절감이 가능하여 시장에서 경쟁력을 갖게 된다. 반면에 제품의 선정과 설계에서 실패한 기업은 시장에서의 영업활동이 위축된다.

즉, 제품설계에 성공한 기업의 공통점은 목표가 뚜렷하고 그 목표를 달성하기 위하여 제품의 설계과정에서부터 많은 노력을 기울인다.

또 유사한 의미로 제품계획이란 기업이 판매목표를 효과적으로 실현하기 위하여 소비자의 요구와 구매력 등을 고려하여 제품의 개발, 가격, 품질, 디자인, 포장, 상표 등을 기획하고 결정하는 활동을 말하며, 수요자의 동향을 조사하여 수요를 만들어내기 위한 기업의 마케팅활동에 있어 매우 중요한 부분이다.

제품계획의 실시에 있어서는 시장조사, 아이디어의 창출과 평가, 브레인스토밍, 제품계획 체크리스트의 활용, 제품의 디자인, 제품의 명칭, 표준화 검토, 특허 및 관계 법규의 확인 등과 같은 제반 문제를 적절하게 검토하여야 한다.

(1) 설계의 접근방법

설계란 '시장의 요구에 대한 아이디어를 도출하여 무엇을 어떻게 만들 것인가?' 하는 것에서 부터 시작된다. 예를 들어, 창업을 준비하는 경우라든지 신제품을 출시할 계획이 있는 경우에는 반드시 설계에 대한 문제가 제기된다.

그러나 소비자의 요구(Needs)를 충족시키지 못하거나 생산품의 품질(Quality)이나 시기(Delivery) 또는 비용적인 측면을 충족시키지 못하는 설계를 구현한 경우에는 소비자의 불만이 증대되고 반품이나 보증요구 등을 초래하게 되어 시장경쟁력을 상실하게 된다. 신제품 또는 기존 제품에 대한 개선의 필요성이 대두되면 아이디어를 창출해야 하는데, 어떤 측면에서 보면 가장 중요한 아이디어의 원천은 소비자에게 있음을 이해하여야 한다. 즉, 일반 소비자나 잠재적 소비자를 다양한 방법을 통하여 집중적으로 관찰하는 등과 같은 마케팅 활동을 실시하여 해당 내용을 설계자에게 제공함으로써 제품이나 서비스에 대한 개선적인 아이디어를 확보할 수 있다.

또 다른 아이디어의 원천은 경쟁자라고 볼 수 있다. 경쟁자의 상품이나 서비스를 분석하고 해당 제품에 대한 기능과 시장에서의 호응도를 파악하여 자사제품에 적용함으로써 경쟁력을 향상시키고 제품의 성능을 보완할 수 있다.

그러나 경쟁기업의 제품이나 서비스를 모방하는 것은 곤란하며, 역분석 등을 통하여 고객이 필요로 하는 요구를 충족할 수 있도록 개선하여야 한다.

제품설계란 상품을 설계하는 것이기 때문에 비용이나 가격, 목표시장 및 상품의 기능 등을 고려할 필요가 있으며, 가공이나 조립의 난이도에 따라서 원가가 달라지기 때문에 적절한 품질수준과 제조방법까지도 고려하여야 한다.

설계자와 생산자 및 마케팅 담당자는 상호 밀접한 관계를 유지해 나가면서 장기적이고 경제적일 뿐 아니라 시장성이 있는 제품을 설계하여야 한다.

(2) 제품설계와 경쟁력

시장경쟁에서 이길 수 있는 제품은 소비자의 요구를 충족시키고 품질이 오랫동안 유지될 수 있어야 하며, 보편적으로 사용가능해야 됨과 동시에 생산원가를 낮추어 저렴한 가격으로 시장에 내놓아 경쟁력을 갖출 수 있도록 하여야 한다. 이를 위해 다음과 같은 절차나 방법을 활용할 수 있다.

① 소비자가 요구하는 품질기능의 반영

품질기능의 반영은 소비자의 의견을 제품설계에 체계적으로 반영하는 기법으로 소비자가 원하는 내용을 제품의 설계과정에서부터 생산에 이르는 모든 공정에 반영하는 것이다.

② 신뢰도

소비자가 선택한 제품이 경쟁 제품과 비교할 때 기대하는 기능을 발휘하는 정도를 나타내는 것이 신뢰도이다. 신뢰도는 제품에 대한 소비자의 인식을 측정할 수 있고 제품을 사용한 후에 소비자로부터 받는 평가의 일종이기 때문에 매우 중요한 요소이다.

그러나, 신뢰도는 소비자의 잘못이나 작동상황의 적합 여부에 따라서 성능이 달라질 수 있기 때문에 정상적인 조작조건이 반드시 명기되어야 한다. 그렇지만 소비자의 입장에서는 작동조건이 까다로울수록 불편을 느낄 수 있기 때문에 제품의 조작조건을 단순화시켜 소비자의 이용 편의성(Easy Use)을 증대시켜야 한다.

제품 신뢰도의 증대는 사용조건의 단순화, 조작 간편성, 제품 또는 시스템이 정상적으로 운영될 확률을 증대시키는 것을 의미하며, 이를 위해서는 우선적으로 소비자가 원하는 제품의 신뢰도를 제품별로 파악하여 설계 개선 등에 활용하여야 한다.

일반적으로 제품이나 서비스의 설계를 개선하여 경쟁력을 증대시키기 위해서는 다음과 같은 사항을 전략적으로 고려하여야 한다.

- 기술개발과 연구개발에 대한 투자의 증대
- 단기적인 성과보다는 장기적인 성과를 고려한 운영전략
- 지속적인 개선활동의 전개
- 제품개발 주기의 단축

(3) 제품설계와 생산 활동

제품이나 서비스의 설계는 기업의 목적을 달성하는 전략적인 의미를 갖고 있다. 시장경쟁력에 중요한 영향을 주는 제품이나 서비스의 품질은 두 가지 측면에서 고려할 수 있다.

첫째는 소비자를 얼마나 만족시킬 수 있는 제품이나 서비스를 설계할 수 있느냐 하는 것이고, 둘째는 설계된 내용을 얼마나 잘 만들 수 있느냐 하는 것이다. 따라서 설계를 할 경우에는 제조 가능성과 용이성, 상품성과 생산비용을 절감할 수 있도록 해야 한다. 이때 고려되어야 할 비용의 종류로는 자재비용, 생산비용, 설계비용, 영업비용 등이 있고, 그 외에 설계의 사전 및 사후에 발생되는 제반비용도 포함된다.

(4) 제품설계와 생산성

생산성(Productivity)이란 생산에 투입된 요소(Input)에 대한 산출물의 가치를 의미한다. 즉, 제조업의 경우에는 투입되는 비용이나 시간 또는 4M(Man, Machine, Material, Method)에 대하여 산출되는 가치를 의미하는 것이다.

제품의 가치란 넓은 의미에서는 소비자가 제품에서 느끼는 효용성을 뜻하며, 좁은 의미에서는 제품의 가격을 나타낸다. 제품의 가격이란 경쟁시장 체제하에서 소비자가 느끼는 상대적 효용에 의해 결정되는데, 제품의 효용성이란 결국 제품이 가지고 있는 기능, 내구성, 외형, 보존성, 신뢰성 및 시기성 등에 의해 결정되기 때문에 제품을 어떻게 설계하느냐 하는 문제는 매우 중요하다.

제품을 설계할 때 부품의 표준화(Standardization)와 단순화(Simplification)의 정도에 따라 원자재의 구매가격이 달라질 수도 있고, 설계의 난이도에 따라서 공정시간과 작업의 질이 결정되기 때문에 제조공정의 생산성은 설계에 의해 좌우된다고 볼 수 있다.

제품설계는 시장에서 성공할 목적으로 신제품을 만들거나 기존 제품을 보완하기 위해 실시되는 것이 일반적이다.

제품설계는 많은 요인에 의해 결정되기 때문에 생산성의 제고를 위해서는 표준화와 단순화에 대한 충분한 고려가 있어야만 훌륭한 설계라고 볼 수 있다. 제품설계에 있어 표준화란 일관성 및 호환성이 가능한 설계를 말하며, 제품 품질의 균등성을 기대할 수 있다. 헨리 포드는 제품을 표준화하여 자동차를 저렴한 비용으로 양산할 수 있었고, 부품을 교환하여 사용할 수 있도록 설계하여 자재소요와 효율적인 조립공정을 창출하였다.

표준화의 개념은 산업 현장에 있어서 보편적으로 사용되고 있으며, 한 예로 모듈에 의한 설계를 들 수 있다. 모듈에 의한 설계란 표준화 설계의 일종으로 부분 조립품을 의미한다. 예를 들면, 자동차의 전자제어 시스템이나 컴퓨터의 보드와 같은 것들을 모듈이라고 하며, 모듈에 이상이 발생할 경우에 부품을 찾아 수리하는 것이 아니라, 조립품 전체를 바꾸는 형태와 같은 부품을 모듈이라고 한다. 부품들의 공통된 기능은 모듈을 사용함으로써 작업의 표준화와 제조공정을 단순화시킬 수 있으며 구체적인 모듈설계의 장단점은 다음과 같다.

① 장점

   💡 적은 수의 부품을 처리하도록 함으로써 관리가 용이하다.

   💡 작업을 위한 교육훈련비가 절감된다.

   💡 부품을 일정하게 구매할 수 있고 취급과 검사가 용이하다.

   💡 필요한 수량의 부품을 구하기 쉽다.

   💡 장기적인 생산과 자동화가 용이하다.

   💡 제품에 대한 검사수가 감소되어 품질관리가 용이하다.

② 단점

   💡 제품설계에 있어서 제품별 차별화를 감소시킨다.

   💡 제품의 설계변경에 많은 비용이 든다.

   💡 제품의 다양성을 감소시켜 소비자의 관심을 저하시킨다.

   단순화의 개념을 제품설계의 과정에 포함시키면 생산 원가가 낮아지고 보다 능률적인 생산운용이 가능해진다. 단순화는 소비자가 요구하는 제품의 단순화, 자재의 단순화, 공정의 단순화를 의미한다.

   단순화는 제품뿐만 아니라 실제 제조공정에서도 매우 중요한 것으로서 복잡한 공정이 있는 작업의 경우에 적절한 장비를 설치하여 공정을 단순화시킴으로써 비용을 절감할 수 있다.

3.2 기술경영

(1) 기술경영의 정의 및 목적

기업은 전략적 목표의 달성을 위하여 기술경쟁력을 향상시켜야만 한다. 기술경영 (MOT : Management of Technology)은 이러한 기술경쟁력을 제고하기 위하여 기업이 가지고 있는 여러 가지 자원(Enterprise Resources)을 기술적 기능의 측면에서 유기적으로 통합하고, 조직적 측면에서는 관련된 업무기능을 기술적 관점에서 통합하는 경영혁신전략의 일환이다.

기업의 경영전략은 재무, 제조, 영업, 기술 등과 같은 기업의 제반 활동영역에 대한 미래의 방침을 결정하고 구체적인 실천 수단을 수립하는 것이다.

오늘날 경쟁력 확보를 위한 기술적 측면에서의 경영전략, 즉 기술전략 및 기술경영이 중시되고 있는 시점에서 경영전략으로서의 기술경영을 창조적이고 혁신적으로 관리하는 것은 매우 중요하다. 기술경영의 추진에서 기업이 가지고 있는 기술적 기능의 측면이 매우 다양하므로 이를 유기적으로 통합하기 위해서는 체계적인 접근방법이 필요하다.

따라서, 기술경영의 목적은 조직 전체적인 관점에서 각 부문의 기술에 대한 지식 그리고 경험 및 노하우를 체계적·기능적으로 통합하고 조직의 자원과 부문간의 활동에 대한 유기적 상호작용을 지원함으로써 기업의 미래발전과 경영성과를 극대화하는데 기여하는 것이다. 한편, 연구개발부문으로 기술경영의 의미를 한정하면 기술경영은 최소의 연구투자로 최대의 이익을 산출하는 연구개발의 생산성 증대에 목적이 있다고 할 수 있다. 이러한 목적을 달성하기 위해서는 최고경영자에서 부터 생산, 마케팅 부문에 이르는 기업 내부의 모든 영역에서 가지고 있는 정보의 공유와 함께 유기적인 협조체제의 구축이 필요하다. 기술경영의 궁극적인 목적은 조직 내 각 부문 및 구성원이 가지고 있는 기술, 경험, 노하우 등과 자원, 활동 등 기술경영 요소와의 상호 유기적 활용에 대한 기반을 제공하여 최소의 기술투자로 최대의 경영효과를 거두는데 있다고 할 수 있으며 이러한 효과를 거두기 위해서는 다음의 6가지가 필요 요건이다.

- ☘ R&D 관리
- ☘ 경영전략과 기술전략의 연계
- ☘ 기술정책의 수립
- ☘ 기술부문의 조직화
- ☘ 인재개발
- ☘ 경영자원의 효율적 활용

(2) 기술경영의 범위

기술경영은 전통적으로 연구개발(R&D)과 경영혁신(Innovation)이라는 두 가지 축이 있다. 이러한 두 가지의 축을 유기적으로 통합하는 기술경영은 그 범위가 넓고 다양한 요인들이 작용하기 때문에 대상의 관점과 이해의 폭에 따라서 기술경영의 범위는 매우 다양할 수 있으나, 오늘날 대체적으로 다음과 같은 중요한 네 가지를 언급할 수 있다.

① 연구개발(R&D)

연구개발(R&D : Research and Development)은 전통적으로 기술경영의 좁은 의미를 말하며, 이는 연구개발의 기능에만 초점을 맞추는 것이다. 연구개발이란 고객의 요구 파악이라는 필요성과 기업이 가지고 있는 기술수준이라는 충분성으로 제품혁신을 추구하게 된다. 성공적인 연구개발을 위한 요건으로는 시장(고객) 중심, 일관성 있는 R&D 프로세스, 충분한 R&D 역량과 인프라, 원칙 중심의 R&D 조직문화와 감성 리더십 등을 들 수 있다.

② 신제품개발 및 감성제품개발

오늘날 신제품 및 감성제품개발(Human Sensibility Product Development)의 필요성이 날로 증대되고 있다. 최근의 고객들은 기술개발의 발전으로 기본적인 물리적 충족감보다는 보다 개성화되어지고 제품에 대한 다양한 요구가 있다. 오늘날 고객이 자동차나 가전제품 등을 선택하는 기준에는 기능성보다는 감성에 좌우되는 경우가 많다. 이러한 요구는 제품에 대해 단순한 기능성의 사용가치라기 보다는 이미지나 감정을 표현해 줄 수 있는 감성제품의 개발을 요구하게 되었다.

감성공학기술이란 '인간 주관적인 감성을 정량화 또는 계량화하여 제품의 설계에 반영하는 기술'이다.

인간의 감성을 분석하여 파악하고 이를 제품설계나 제품개발에 적용하여 고객에게 감성적 만족과 효용가치를 줄 수 있는 제품의 개발과정에 여러 가지 과학적 원리들을 응용하는 공학적 영역이다.

이러한 여러 가지 과학적 원리에는 고객의 마음속에 있는 이미지를 파악한다는 점에서 심리학과 관련이 있고, 이를 형상화하는 점에서 인간공학이 관련되어 있다. 그리고 이를 구체적으로 사용할 수 있도록 만든다는 점에서는 공학 그 자체가 되는 것이다.

감성공학의 접근방법은 고객의 감성을 파악하는 것으로부터 시작하여 이를 인간의 오감에 대한 감각량의 정량화를 통해 제품의 형태로 구체화하여 궁극적으로는 고객 감성이나 개성에 중심을 둔 '고객중심', '인간중심'의 제품 디자인을 추구해 나가는 것이다.

따라서 감성공학이란 고객의 이미지를 중심으로, 신제품을 위한 제품설계를 위해 필요한 기본적인 물리적 디자인 요소를 더 이상 독립적 요소로만 취급하지 않고, 제품의 물리적 특성과 인간의 감성적 특성을 결합함으로써 감성존중시대에 부합되는 제품의 설계에 있어 새로운 개념을 갖는 매우 중요한 요소가 되었다.

감성공학적 디자인 프로세스에는 감성공학적 디자인 요소변환 시스템, 감성공학적 기능전개 시스템 및 감성공학적 가상 구현 시스템이 포함된다.

③ 경영혁신

경영혁신(MOI : Management of Innovation)은 사무자동화(OA : Office Automation)의 발전으로 더욱 더 가속화되고 있으며, 또한 경영혁신은 사무자동화의 발전에 대한 필요성을 가져다 주기도 하였다. 따라서, 기술경영 또한 오늘날 OA 환경 아래에서 이루어지는 여러 가지 경영혁신의 패러다임과 연계하여 이루어져야 한다.

오늘날의 주요한 경영혁신 전략 기법으로서는 비즈니스 프로세스 재설계(BPR : Business Process Reengineering), 지식경영(KM : Knowledge Management), 전략적 기업관리(SEC : Strategic Enterprise Control)의 일환으로서 전사적 자원관리(ERP : Enterprise Resources Planning), 공급사슬망관리(SCM : Supply Chain Management) 및 고객관계관리(CRM : Customer Relationship Management), 전략적 기업경영(SEM : Strategic Enterprise Management)의 일환으로서의 제약자원경영(TOC : Theory of Constraints), 가치기반경영

(VBM : Value Based Management) 및 활동기반경영(ABM : Activity Based Management) 등이 있다.

기업의 활동에 투입되는 Input 요소는 5M(Man, Machine, Material, Method, Money)이 있고, 그 활동의 결과로 이루어지는 Output 요소에는 P·Q·C·D·S·V(Product, Quality, Cost, Delivery, Service, Value) 등이 있는데, 이러한 Input 및 Output 요소를 고려하여 경영혁신의 기법들과 기술경영을 횡적으로 연계하여 운영하여야 한다.

또한, 전략 경영을 위한 패러다임의 변천으로 상향식(Bottom Up) 개선방향에서는 투명성 기반 경영, 차별화 경영, 고객만족 경영, 그리고 지식 경영을 들 수 있으며, 하향식(Top Down) 혁신방향에서는 제약자원 경영, 가치창조 경영, 활동기준 경영, 그리고 인터넷 디지털 경영을 들 수 있다.

④ 기술영업 및 감성 마케팅

기술영업(SE : Sales Engineering)은 고객가치에 대한 지향을 중심으로 하는 기술이 수반된 영업이다. 즉, 기술과 영업을 하나의 개념으로 '고객에게 제공하는 가치의 표면기술'이라는 의미이다. 이는 기술영업의 수행 및 세일즈 엔지니어의 역할을 증대시키며, 마케팅 혁신과 서비스 혁신을 수행하는 것을 그 내용으로 하고 있다.

감성 마케팅(Human Sensibility Marketing)이란 고객의 이미지와 감정에 영향을 미치는 감성적 요소를 통해 기업의 브랜드와 소비자 간의 유대관계를 강화시키는 것을 말하며, 궁극적으로 충성고객(Loyal Customer)을 확보하는 것이 목적이다. 오늘날과 같은 시대에 고객이 제품을 구매하는 이유는 단순히 그 제품을 구매한다는 것을 넘어 아름다워지고 싶은 꿈, 경험, 즐거움, 자부심, 인간적인 정 등을 사는 감성 마케팅 시대인 것이다. 또한, 감성 마케팅은 브랜드 마케팅(Brand Marketing)의 개념과 동일시되기도 한다. 감성 마케팅으로 성공한 제품들이 곧 브랜드 마케팅에서도 성공한 제품임을 쉽게 알 수가 있다.

3.3 동시공학

동시공학(CE : Concurrent Engineering)은 혁신적 제품개발 기법의 하나이며, 제품설계단계에서 제조 및 사후지원 업무까지도 함께 통합적으로 감안하여 설계를 하는 시스템적 접근방법이다. 이 방법은 제품개발 담당자로 하여금 개념 설계단계에서 해당 제품의 폐기에 이르기까지의 전체 라이프 사이클상의 모든 것을 감안하여 개발하도록 하는 것이다.

이를 통해, 제품의 생산을 위한 각각의 독립적인 단위 활동들 또는 이를 지원하는 시스템을 통합함으로써 기업의 경쟁력을 키우고 급변하는 시장 환경에 능동적으로 대처해 나가는 방안을 수립할 수 있다.

따라서 동시공학은 제조 공정 및 관련 지원 활동을 포함한 모든 프로세스와 설계 활동을 동시 통합하는 체계적인 접근 방법으로, 여러 요소들을 통합하여 개발 기간을 단축시키고 비용을 줄이며, 품질을 향상시키기 위한 제품 개발 활동의 개선책이라고 말할 수 있다.

(1) 동시공학의 배경

기업이 경쟁력을 확보하고 지속적인 발전을 꾀하기 위해서는 제품의 다양화와 고급화 및 차별화에 중점을 두어야 하며, 품질이 우수한 제품을 소비자에게 공급하기 위한 새로운 전략이 필요하다.

제품의 다양화와 복잡성을 추구하는 과정에서 설계자의 의도에 대한 불충분한 이해로 인하여 생산 공정에서는 잦은 피드백이 요구되고, 이에 따라 빈번하게 발생되는 설계 변경 요구는 제품 개발기간의 지연을 초래하게 된다.

이러한 현상은 제품 개발과 관련된 프로세스의 최적화를 어렵게 만들 뿐 아니라, 높은 비용은 물론 시간적인 손실을 야기하여 기업의 경쟁력을 악화시키는 요인으로 작용하게 된다.

기업의 지속적인 성장을 위해서는 품질이 우수한 제품(High Quality)의 신속한 개발(Short Lead Time)과 함께 원가의 절감(Low Cost)이 중요한 사항이다. 이러한 제품개발 과정에서의 문제점을 해결하고 원활한 관리를 위하여 제품 개발 단계에서 디자인, 설계,

생산, 영업 등 모든 분야의 의견을 결집하여 신속하고 효율적으로 대처해 나가기 위한 체계적인 접근 방법으로 동시공학 이라는 개념이 대두되었다.

(2) 동시공학의 구성요소

① 지속적인 개선

지속적인 개선이란 노사 모두가 참여하여 생산 공정의 개선과 제품의 혁신을 통하여 생산성을 지속적으로 향상시키기 위한 역동적인 유연성(Flexibility)을 뜻한다. 구체적인 예로 여기에서의 개선이 주는 의미는 고객 중심의 활동이며 모든 행위는 궁극적으로 고객 만족을 전제로 한다는 것이다. 이것은 단순히 결과만을 따지지 않고 개선을 위해 노력하는 과정을 중요시하는 새로운 경영 철학이 있어야만 실행 가능한 부분이다.

② JIT(Just In Time)

판매 시간에 맞추어 완제품에 조립될 부품이나 어셈블리를 시간에 맞게 준비하고, 어셈블리에 들어갈 부품들을 필요한 시점에 맞추어 인도하며, 부품의 가공을 위한 재료를 적시에 공급하는 것으로 정의할 수 있다.

JIT 시스템을 적용하는 기업들이 늘어나는 이유는 대량생산과 한정생산 모두에 유리했기 때문이며, 이러한 시스템이 성공적으로 시행되기 위해서는 각각의 요소가 역할을 충실히 이행해야만 한다.

그러나 JIT 시스템의 단점은 원활한 운영이 되지 못할 경우에는 문제가 발생한 즉시 생산라인이 정지한다는 것이다. 다시 말하면 기업의 경영 능력이 일정 수준에 이르지 못한 상황에서 시스템을 도입할 경우에는 오히려 문제가 발생할 수도 있기 때문에 약간의 재고를 허용하면서 시행하는 것이 바람직한 방식일 수도 있다.

③ 전사적 품질관리(Total Quality Control)

품질관리란 완벽한 품질을 추구하기 위한 제조 방식을 의미하는데, 특히 유의해야 할 점은 품질에 대한 책임의 대부분이 제품의 설계와 생산 및 판매에 관계된 모든 구성원들에게 있다는 점이다. 즉, 고품질 제품의 생산을 위해서는 품질 전담 부서나 제작 이전의 설계 혹은 제작 이후의 검사만으로는 곤란하기 때문에 제조 공정과 분리해서 생각할 수 없다.

④ 신속한 인도

설계된 내용에 대한 검토와 수정 및 생산 방법을 개선하여 전체적인 개발 기간을 단축시킬 수 있다. 또한 개념 설계를 하는 시점에서부터 상세설계 과정에서 결정되는 설계 사양은 물론, 제조와 관련된 공정 설계를 동시에 병행하여 수행함으로써 제품의 개발 기간을 단축할 수 있다.

⑤ 제조와 조립을 위한 설계

설계를 수행하는 엔지니어는 반드시 현장에서 가공을 담당하는 엔지니어의 입장을 고려하여 항상 그들의 요구와 한계를 염두에 두어야 한다.

(3) 동시공학의 필요성

소비자의 요구가 다양해짐에 따라 제품의 생산 형태는 전 세계적으로 소품종 대량 생산 타입에서 다품종 소량 생산 타입으로 변화해 가고 있다.

소품종 대량 생산 체계에서는 한 품종으로 오랜 기간 생산과 판매를 할 수 있기 때문에 제품의 개발기간은 그렇게 중요하게 생각되지 않았지만, 다품종 소량 생산 체계에서는 단일 제품의 수명이 상대적으로 짧기 때문에 제품의 개발기간도 자연적으로 짧아질 수 밖에 없다.

따라서 다품종 소량 생산 체계가 주류를 이루는 현 시점에서 신제품의 개발에 소요되는 기간의 단축은 무엇보다 중요하다. 동시공학은 이러한 점에서 주목을 받고 있으며 다양한 산업분야에서 이 기법을 적용하고 있다.

제**4**장

제품설계시의 고려사항(2)

 학습목표

● 인간공학과 감성공학의 개념을 이해하고 공학설계의 과정에 인간공학과 감성공학의 이론을
  적용할 수 있다.

● 생산계획의 개념을 이해하고 창의적인 공학적 문제 해결의 프로세스에 생산계획의 이론을
  적용할 수 있다.

● 품질관리의 개념과 필요성을 이해하고 창의적인 공학적 문제 해결의 프로세스에 품질관리
  의 이론을 적용할 수 있다.

4.1 인간공학과 감성공학

인간공학(Ergonomics, Human Engineering)이란 제품, 장치, 설비, 절차 및 환경 등과 인간의 상호작용에 있어서 시스템의 설계가 인간에게 미치는 영향을 조사하여 사람들이 사용하는 시스템과 그 사용 환경을 사람의 능력과 한계 및 요구에 부합되도록 하는 학문을 말한다.

즉, 인간의 특성인 심리적 특성과 감성적 특성 및 신체적 운동특성을 살리는 것이 목표이며, 이런 것을 생각하는 것이 인간공학의 역할이기 때문에 인간과 기계와의 조화와 정합성을 발견해 나갈 필요가 있다.

(1) 인간공학의 의의

인간공학이란 노동학적 측면에서 작업능률을 근거로 인간의 작업을 적정하게 관리하는 것으로, 작업을 할 때 인간으로서 가장 자연스러운 작업방법이 어떤 것인가를 연구하는 것이기 때문에 인간의 합리적인 노동방법과 노동에 적당한 작업환경의 제공은 물론, 기구의 설계를 위한 기초적인 분야까지도 포함되어야 한다.

그리고 인간과 인간이 다루는 기계를 하나의 계(Man-Machine System)로 보고 그 관계를 의학, 심리학, 물리학, 공학 등과 같은 각 분야에서 연구하여 인간의 생리적, 심리적 특성에 적합한 기계를 설계하는 것을 목적으로 한다.

(2) 인간공학의 필요성

우리가 사용하고 있는 도구와 장비는 대부분 인류의 생존이나 삶에 적합하도록 진화과정이나 시행착오를 거쳐 개발되고, 개선되어 왔다.

그러나, 최근에는 과학의 발달로 인하여 기술 개발이 빠른 속도로 진행되고 있기 때문에 설계 초기 단계에서부터 인간 특성에 대한 체계적인 고려를 통하여 인간공학적인 측면을 만족시킬 수 있다면 바람직할 것이다.

인간공학적인 설계를 위해서는 설계의 첫 단계에서부터 도구나 기계시스템을 사용하는 작업자의 특성에 알맞은 설계가 필요하다. 이를 위해서는 기계공학, 전기, 항공, 건축, 토목 등 공학의 모든 분야를 망라하여야 함은 물론, 생체의 기능을 연구하는 바이오닉스를 비롯하여 심리학, 생리학, 수학, 물리학, 인류학, 사회학, 윤리학, 철학 등의 학문 분야도 설계에 포함시켜야 한다.

(3) 인간공학의 목적

과업을 수행함에 있어 사용자의 편의성 증대와 오류 감소 및 생산성 향상 등을 인간공학의 목적으로 들 수 있다. 즉, 바람직한 인간 가치를 향상시키기 위하여 안전성의 개선, 피로와 스트레스의 감소, 쾌적감의 증가, 작업 만족도의 증대 등과 같은 인간의 가치 기준을 유지하거나 높여 인간복지를 향상시키는 것이 목적이다.

(4) 인간공학의 연구방법

인간공학은 앞에서 설명할 바와 같이 인간과 기계와의 유기적 합리화를 꾀하는 것이기 때문에 당연히 인간과 기계의 양면에서 검토되어야 한다. 즉, 분리되어 둘 사이에 아무런 연결도 없는 상태에서는 인간공학적인 연구가 이루어질 수 없으므로 특히 주의해야 하며, 그 대표적인 예를 들면 다음과 같다.

① 제품분석에 의한 방법

일반적으로 사용하고 있는 기기나 물건 중에서 사용하기에 편리한 것을 선택하고, 모양, 치수, 기구, 소재 등에 대해서 그 조작성과의 관계를 분석하여 보다 적절한 인자를 발견해가는 방법이다.

② 소비자조사에 의한 방법

사용하는 사람의 의견을 설문형식으로 수집하고 이를 종합적으로 판단하는 방법이며, 반드시 사용자로만 한정하지 말고 제작자나 판매자 등을 대상으로 한 시장조사 방법도 포함된다.

③ 반응조사에 의한 방법

실제로 사용하고 있는 인간의 적응, 순응, 피로상태를 형태, 생리, 운동, 심리적인 관점에서 관찰하고 측정하는 방법으로 특히 심신 반응에 대한 정량적, 정성적 분석을 통해 판정된 자료를 얻을 수 있다.

④ 제품의 파손도 조사에 의한 방법

폐기된 상품을 모아 그 원인이나 과정을 추측 또는 관찰하고 측정하여 개선점을 파악하기 위하여 사용하는 방법이다.

(5) 감성공학

감성공학은 1970년대 일본의 히로시마대학(廣島大學)의 나가마치(長町)교수가 정서공학(Emotional Engineering)이라는 용어로 연구하기 시작하였다. 인간공학이 주로 인간-기계 시스템에서 인간중심으로 그 실용적 효능(Functional Effectiveness)을 목표로 둔다면, 감성공학은 '정서적 충족'에 그 목표를 두고 있다.

감성공학은 인간의 시각, 후각, 청각, 미각, 피부촉감 등과 같은 오감과 관련된 쾌적성을 목표로 하고 있는 인간공학의 한 연구방법론이라 할 수 있다. 이러한 인간의 오감과 관련된 쾌적성은 주관적인 특성을 가지는데, 감성공학의 방법론은 주관적인 감성을 여러 가지 센서나 방법을 통하여 물리적이고 정량적으로 파악하여 제품의 설계에 반영하는 것이다.

감성공학의 접근방법에는 나가마치 교수가 고안한 감성공학 I, II, III류가 있다. 첫째, 감성공학 I류에서는 인간이 제품을 선택할 때, 감성을 기반으로 하여 선택을 하는 경우가 많다고 가정하고, 감성설계의 대상에 대하여 인간의 감성을 형용사로 표현되는 인간의 감성 이미지 공간을 측정하는 방법이다.

이 방법을 의미 미분법(SD : Semantic Differential Method)이라 한다. 즉, 대상 제품에 대하여 인간의 감성을 표현할 수 있는 주된 형용사어귀의 데이터베이스를 구축하여 요인분석(Factor Analysis) 등의 통계적인 방법을 통하여 주된 감성어휘를 추출하여 설계에 반영하는 방법이다.

예를 들면, 자동차에서는 운전의 편리함, 쾌적함, 디자인에 대한 소비자의 개성과 감성이 점차적으로 중요시되고 있다. 대한인간공학회에서는 그림 4-1과 같이 자동차에 대한 감성구조를 제시하고 있는데, 감성공학은 이러한 감성적 요소에 대한 인간의 중요한 감성어휘를 파악하여 설계에 반영하는 것이다.

둘째, 감성공학 Ⅱ류에서는 감성공학 Ⅰ류에서 개발된 감성어휘를 성별, 연령 등의 인구통계학적 요소뿐만 아니라 생활양식 등을 고려하여 생활양식 - 감성 - 제품요구간의 관계성을 밝히고자 하는 것이 목적이다.

셋째, 앞의 Ⅰ과 Ⅱ류에서는 심리적인 감성의 특성을 도출하는 것이지만, 감성공학 Ⅲ류에서는 이를 더욱 더 객관적이고 정량화하기 위하여 제품과 대상자간의 정량화된 감각척도와 해당 물리적 특성을 종합하고, 이를 수학적 모델 또는 그 계수를 특정화시킨다. 그리고 감각에 대한 객관적인 지표를 유출하여 제품의 설계에 응용하자고 하는 방법이다.

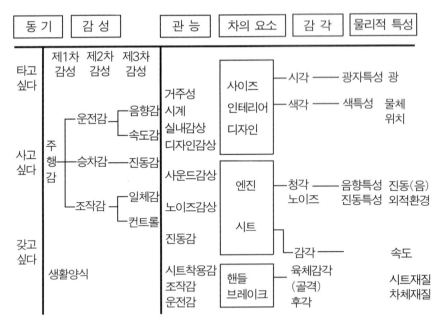

그림 4-1 자동차에 관한 감성구조(대한인간공학회, 1993)

4.2

생산계획

생산계획(Production Planning)이란 생산을 개시하기에 앞서 판매예측이나 판매계획을 토대로 생산하고자 하는 제품의 종류, 수량, 가격 등과 함께 생산방법과 장소 및 일정 등에 관하여 가장 경제적이고 합리적인 계획을 세우는 것을 말하며 생산현장의 관리활동의 일환이다.

먼저, 관리(Management, Control)란 계획에서 일정한 과정을 거쳐 다시 계획으로 되돌아가는 순환적 사이클, 즉 다음과 같은 '관리 사이클'이라는 기본적인 순환고리를 가진다.

① P(plan) : 계획 또는 시장생산의 목표를 달성하기 위한 계획을 수립한다.

② D(do) : 계획에 따라 생산활동을 실시한다.

③ C(check) : 생산활동의 결과인 양, 품질, 비용 등을 측정하여 계획 또는 표준과 비교한다.

④ A(action) : 비교한 결과 즉, 계획과의 차이에 대한 수정활동을 취하거나 차기 계획에 반영한다.

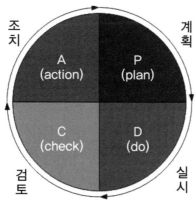

그림 4-2 관리 사이클

관리는 P-D-C-A의 네 단계를 지속적이며 연속적으로 행하여 계획된 목표를 달성하려는 제반 활동이다. 관리는 이러한 활동을 총체적으로 말하는 것이며 연속적인 활동으로 실행하는 것을 말한다. 크게는 계획(Planning)과 통제(Control)로 나누어지기도 한다.

생산계획의 기본은 생산수량과 생산일정의 수립에 있으며, 이는 일정기간에 이용 가능한 한정된 생산자원을 생산을 위한 활동에 어떻게 효율적으로 분배할 것인가를 결정하는 과정이다. 넓은 뜻으로는 생산관리 속에 모든 계획이 포함되지만, 일반적으로는 생산수량과 일정에 관한 것을 통칭하여 말하며, 장기생산계획과 종합생산계획 및 일정계획 등이 있다.

장기생산계획은 수년 이상에 걸친 각 연도의 생산계획을 말하며, 생산품목의 장기수요예측에 입각하여 각 연도별 생산계획량을 수립함과 동시에 계획생산량에 대응하는 장기생산능력계획을 설정한다.

종합생산계획은 장기생산계획으로 규정된 생산능력 하에서 1년 이내의 기간에 월 또는 분기마다 예측수요량에 대응 가능한 생산량을 계획한다. 월 또는 분기의 예측수요량을 그대로 계획생산량으로 하는 것이 아니라, 수요의 계절적 변동에 대처할 수 있도록 생산량을 평준화하는 기술이 중요하다. 일반적인 생산계획의 총괄적인 흐름을 나타내면 그림 4-3과 같다.

일정계획은 가장 상세한 생산계획을 말하며 1개월 이내의 주별 또는 일별 생산량을 계획한다. 주문의 납기를 지키면서 생산설비의 가동률을 높일 수 있도록 기계나 공정에 대한 작업의 부하계획이나 순서계획을 설정한다.

생산계획에 의한 생산능력의 결정이란, 변동적인 장래의 수요에 적응하기 위한 장래의 공급능력에 대한 결정을 뜻하는 것으로 장래의 생산능력을 결정하기 위해서는 제품이나 서비스 수요의 정기적인 추세를 중심으로 경기변동이나 계절변동 또는 불규칙변동 등을 고려해야 한다. 따라서 생산능력을 결정하기에 앞서 우선 제품수요의 추세와 특징을 파악할 필요가 있다. 가령 제품수요의 장기적 추세는 상승, 정체, 하강의 국면으로 나눌 수 있으며, 이들 수요의 추세와 제품의 특성 등에 따라 생산능력 계획을 제시할 수 있다.

생산통제(Production Control)를 위해서는 제품의 제작 공정에 관심을 가져야 한다. 공정관리란 원자재로부터 최종 제품에 이르기까지 원재료나 부분품의 가공 및 조립의 흐름을 능률적인 방법으로 계획하고(Planning), 순서를 결정하고(Routing), 예정을 세워(Scheduling), 작업을 할당하고(Dispatching), 독촉하는(Expediting) 절차를 말한다.

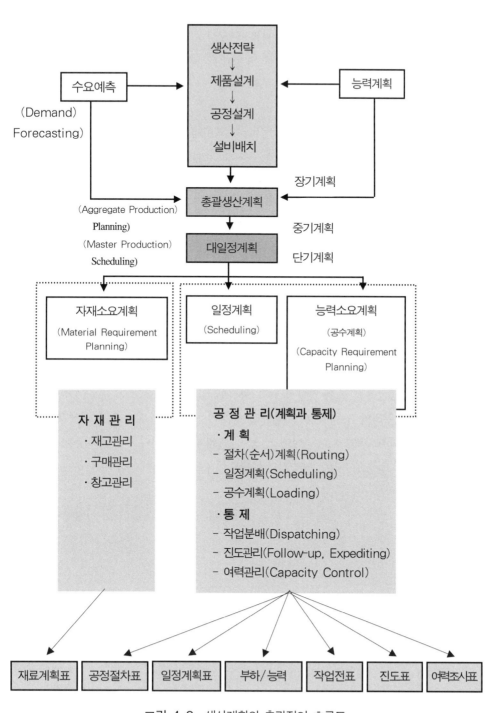

그림 4-3 생산계획의 총괄적인 흐름도

　이러한 공정관리의 기능은 계획기능(Planning)과 관리기능(Control)으로 구분할 수 있는데, 계획기능이란 절차계획, 공수계획, 일정계획 등이 포함되며, 관리기능에는 작업배정, 진도관리, 여력관리, 현품관리 등이 있다.

　절차계획이란 작업을 수행할 때의 순서와 방법을 뜻하며, 따라서 작업의 절차와 각 작업의 표준시간 및 각 작업이 이루어져야 할 장소를 결정하고 배정하는 것을 말한다.

　공수계획은 생산계획량을 완성하는데 필요한 인원이나 기계의 부하를 결정하여 이를 보유인원과 기계의 능력에 대비하여 조정하는 것을 말한다.

　일정계획은 부분품가공이나 제품조립에 필요한 자재가 적기에 조달되고 이들 생산이 지정된 시간까지 완성될 수 있도록, 기계 내지 작업을 시간적으로 배정하고 일정을 결정하여 생산일정을 계획하는 것을 말한다.

　작업배정이란 일정계획과 절차계획에 예정된 시간과 작업순서에 따르면서 현장의 실정을 감안하여 가장 유리한 작업순서를 정한 후, 작업을 지시하는 것으로 생산활동을 위한 중요한 역할을 수행한다.

　진도관리란 작업배정에 의해서 진행중인 작업에 대한 진도상황이나 과정을 수량적으로 관리하는 것으로, 주문생산일 경우에는 납기관리의 성격을 강하게 갖게 되는데, 진도관리의 목적은 납기의 확보와 생산속도의 향상에 있다.

　계획단계에서 부하와 능력을 고려해서 공정계획을 수립한 경우라도 실제로는 여러 가지 원인으로 인하여 부하와 능력상에 변동이 생기게 마련이다. 따라서 통제단계에서 실제의 능력과 부하를 조사하여 양자가 균형을 이루도록 조정을 하여야 하는데, 이를 여력관리라고 말한다.

　현품관리는 생산활동에 필요한 재료나 반제품의 분실 또는 파손을 파악하여 장부상의 수량과 비교 관리하는 것을 말한다.

4.3 품질관리

품질관리(Quality Control)란 과학적인 원리를 응용하여 생산하는 제품품질의 유지와 향상을 도모하기 위한 관리를 말한다. 초기의 품질관리는 모든 제품에 대하여 치수, 중량, 체적 또는 재료의 화학적 성분 등을 측정하고, 그것을 미리 정해 놓은 품질표준과 비교하여 적부를 판정하는 방법이 취해졌다.

그러나 이러한 방식은 과학성이 낮고 모든 제품에 대한 검사를 실시하여야 하기 때문에 비용도 많이 소요된다. 이러한 결점을 극복하기 위하여 통계학을 품질관리에 응용하게 되었는데, 이것을 통계적 품질관리(SQC : Statistical Quality Control)라고 말한다.

현재의 품질관리는 제품의 품질수준의 유지와 향상을 도모하는 통계적 품질관리만으로는 부족하기 때문에, 전사적 품질관리(TQC : Total Quality Control)를 도입하였으며, 품질관리란 품질표준의 설정과 품질의 검사 및 보증으로 구성된다.

품질표준의 설정에 있어서 기본적으로 중요한 것은 품질에 대한 최종판정자는 소비자이기 때문에 품질표준에 소비자의 동향을 투영하는 일이다. 제품이 소비자의 요구를 만족시키기에 충분한 성능을 갖고 있는지의 여부와 품질가치와 그것을 달성하는 데 소요되는 품질비용이 적절한가를 판단해야 한다.

(1) 품질

품질의 정의는 용도에 대한 적합성 또는 해당 제품이 사용목적을 수행하기 위하여 갖추고 있어야 할 특성을 말하는데, 소비자가 요구하는 품질인 시장품질(Quality of Market)과 목표로 하는 품질, 생산능력, 경쟁회사의 제품의 품질, 가격 등을 종합적으로 고려하여 제조 가능하다고 결정한 설계품질(Quality of Design) 및 생산현장에서 생산된 제품의 품질이 어느 정도 설계시방에 적합하게 제조되었는지를 나타내는 제조품질(Quality of Conformance)로 구분할 수 있다.

(2) 품질관리

소비자의 요구에 적합한 품질의 제품과 서비스를 경제적으로 생산할 수 있도록 조직 내부의 여러 부문이 협력하여 제품의 품질을 유지 개선해 나가는 관리적 활동의 체계를 말하며, 한국공업규격(KS)에서는 수요자의 요구에 맞는 품질의 제품을 경제적으로 만들어 내기 위한 모든 수단의 체계를 말하며, 근대적인 품질관리는 통계적인 수단을 채택하고 있으므로 특히 통계적 품질관리라고 정의하고 있다.

품질관리의 목표는 소비자가 요구하는 품질을 가장 경제적으로 생산, 제공하는 것으로 품질관리가 갖고 있는 기능은 품질의 설계, 공정의 관리, 품질의 보증 및 품질의 조사와 개선 등이다.

(3) 종합적 품질경영

종합적 품질경영(TQM : Total Quality Management)이란 품질을 중심으로 하는 모든 구성원의 참여와 고객만족을 통한 장기적인 활동을 말하며, 성공지향을 기본으로 하며 아울러 조직의 모든 구성원과 사회에 이익을 제공하는 조직의 경영적 접근을 말한다.

종합적 품질경영은 품질경영과 종합적 품질관리의 바탕위에 기업문화의 혁신을 통한 구성원의 의식과 태도의 변화에 중점을 두어야 하며, 궁극적인 목표는 고객만족에 있으며, 실천 원칙은 다음과 같다.

- 고객에게 초점을 둔다.
- 결과뿐만 아니라 과정도 중요시한다.
- 검사보다는 예방에 치중한다.
- 구성원의 참여를 토대로 그들의 창의력과 전문기술을 동원한다.
- 사실에 입각한 의사결정을 행한다.
- 피드백에 의한 지속적인 개선을 추진한다.

(4) 품질보증

품질보증(QA : Quality Assurance)이란, 제품이나 서비스가 품질요구사항을 충족시킬 것이라는 적절한 확신을 주기 위하여 품질시스템에서 실시되고 필요에 따라 실증되는 모든 계획적이고 조직적인 활동을 말한다.

생산된 제품에 대한 제조물책임(PL : Product Liability)이란 상품의 결함으로 야기된 손해에 대해서 생산자 또는 판매자가 소비자나 사용자에게 배상할 의무를 부담하는 것으로, 제조자책임 또는 제조물책임이라고도 한다.

제품책임에 대한 대책으로는 소송에 지지 않기 위한 방어 활동과 결함제품을 만들지 않기 위한 예방활동이 있다.

(5) 제조물 책임법(PL법)

PL법 이전에는 기업의 고의나 과실이 증명되어야만 소비자가 배상을 받을 수 있었으나, 이후에는 제품 결함이 확인되면 기업은 무조건 배상하여야 한다.

PL법에서는 제품에 대한 상식적 수준의 안전성을 강조하고 있기 때문에, 소비자는 제품 사용 도중 사고가 나면 결함이 있다고 가정하고 제소할 수 있는 법적인 근거가 마련된 것이다. 따라서 PL법이란 기업이 제조, 유통한 제조물에 대하여 안전을 보장하고, 이의 결함으로 인한 사고에 대한 책임을 가지는 것을 말한다. 여기서 제조물이란 제조나 가공을 거쳐 소비자에게 공급하는 일체를 지칭하는 것이다.

오늘날 PL법은 소비자가 안전한 제품을 사용할 수 있는 권리를 확보하기 위한 수단의 하나로 리콜(Recall)제도와 함께 중요한 제도이며, 기업이 자발적으로 실시하는 유용한 제도로서 자리를 잡고 있다.

PL법은 소비자의 불만에 대한 손해배상책임이라는 대응적 또는 수동적 입장에서 뿐만 아니라 소비자를 보호하고 이를 통한 기업의 지속적인 이미지 개선과 이익창출을 위한 능동적인 입장에서 추진되어야 한다. PL법에 대한 대책의 수립과 추진은 다음과 같다.

💡 제품의 안전성에 대한 추진 목표설정

　　- 기업의 외부환경을 고려한 내부조직의 변화 및 혁신 수용
　　- 협력업체와의 공동 체계 구축
　　- 사고예방을 통한 기업의 리스크 관리체계 구축

♀ 추진방법의 수립

　- 전사적인 마인드 구축

　- 담당 조직의 구성

　- 추진계획의 수립

　- 제품안전을 위한 활동의 추진

　- 소비자 불만 및 방어대책 수립

　- 지속적인 감시 및 개선

제5장

창의적인 공학설계의 예(1)

5.1 한번쯤 생각해 볼 이야기

5.2 문제 해결의 예

학습목표

◉ 주어진 주제에 대한 면밀한 분석과 기획 활동 등을 통하여 문제를 창의적으로 해결할 수 있는 능력을 배양한다.

◉ 엔지니어가 갖추어야 할 자질에 대한 충분한 이해를 통하여 실무 적응 능력이 향상된 공학자로서의 능력을 배양한다.

◉ 제3자가 수행한 공학적 문제 해결 방법에 대한 벤치마킹을 통하여 설계 프로세스의 장점 및 단점을 추출하고 이를 자신이 수행하는 공학적 문제 해결방법에 적용할 수 있다.

5.1 한번쯤 생각해 볼 이야기

1975년도에 저자가 직접 겪은 일이다. 중학교를 마치고 고등학교 진학을 위하여 시험장에 들어갔다. 책상 위 놓인 여러 가지 문제들 중에 그림 5-1과 같은 문제 도면과 자름 집게(펜치 ; Pinchers)와 350mm 길이의 철사 및 300mm 철자가 놓여 있었다.

주어진 재료와 공구를 이용하여 도면과 같은 형상의 물체를 제작하라는 의미로 받아들였다. 접하지 않았던 과제이었기에 순간 당황하였지만 크게 어려운 일이 아니라고 판단하였다. 시작과 동시에 아무런 검토도 하지 않은 상태로 철사를 대충 잘라 과제를 수행하는 사람도 있었고 한참을 고민하며 망설이는 사람도 있었다.

과연 이러한 문제를 제시한 의도는 무엇일까? 단순히 손재주를 판단하기 위해서 출제를 한 것일까?

사소한 이야기로 받아들일 수 있을지 모르겠지만, 여기에는 비록 단순한 문제일지라도 얼마만큼 문제를 명확하고 창의적으로 해결할 수 있는 엔지니어적인 능력을 가지고 있는지를 보려는 의도가 담긴 것이었다.

 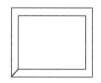

그림 5-1 문제 도면

다시 그림을 보자. 4개의 도형을 나타내고 있는 도면을 살펴보면, 각각의 도형 연결 부위가 서로 다르고, 연결면의 각도도 차이가 있음을 알 수 있다.

또한, 실제 4개의 도형을 만들기 위한 도형의 치수를 재어보면, 철사의 길이는 300mm가 소요된다는 것을 알 수 있다. 따라서 철사를 한번이라도 적당히 잘라서 시작한 경우라면 4개의 도형 모두를 완성할 수 없게 된다는 사실을 인지해야 하는 것이다.

엔지니어는 누구라도 될 수 있다. 그러나 졸업을 하고 기업에 진출하여 공학 실무 분야에 근무를 할 경우에 모두가 엔지니어로서 가치를 인정받을 수 있는 것은 아니다. 현재 우리나라의 공과대학은 전국의 약 145개 4년제 대학에 설치되어 있으며, 연간 70,000

여 명의 졸업생이 배출되고 있는 실정으로 이를 전체 대학생의 수와 비교하면 약 27% 정도에 이른다고 한다. 미국이 연간 70,000명 정도, 호주가 4,000명 정도를 배출하고 있다는 점을 상기하면 결코 적은 인원이 아님을 알 수 있다.

지금은 교수가 무엇을 가르쳤느냐가 중요한 것이 아니라 졸업생이 무엇을 할 수 있느냐가 관건인 시대로 접어들었다. 모든 영역이 다 중요하겠지만, 여기에서는 설계교과 영역이기 때문에 창의적인 공학설계를 할 수 있는 문제 해결 능력을 갖추는 것이 필요하다고 말하고 싶다.

다시 표현하면, 급변하고 있는 공학기술에 능동적으로 대처하기 위해서는 엔지니어 개개인의 창의성이 절대적으로 요구된다는 점이며, 이를 위해서는 현재의 공학교육 방법이 변해야 한다는 산업체의 의견에는 절대적으로 공감을 하지만, 무엇보다도 가장 중요한 것은 엔지니어가 되기 위하여 입문한 교육 수요자가 공학적 문제 해결을 창의적으로 해 나갈 수 있는 연습을 충분히 해야 한다는 점이다.

엔지니어의 자질을 갖춘다는 것은 쉽지 않다. 자기가 소속한 전공 영역에 대한 학문만 이수하면 된다는 생각은 아주 고전적인 이야기일 뿐이다. 모든 문제는 시스템 중심으로 해결하여야 하고 동시공학적으로 이루어지기 때문이다. 따라서 전공 영역 이외의 다방면에 관심을 가져야 하고, 다양한 생각, 창의력, 인간공학에 대한 이해와 치밀함, 폭넓은 시각, 예술가적인 기질, 문제의 분석력, 발표 능력, 도덕성과 윤리, 현실적인 감각, 통솔력, 인내력, 추진력, 적응력, 예측능력, 자신감, 환경보호정신, 사교성, 포용력, 능동적이고 적극적인 사고, 냉철한 판단력, 다양한 지식, 도전정신, 사업의 수완, 소비자에 대한 이해, 논리적인 사고, 통찰력, 기초지식, 관심, 실리의 추구, 신속함, 정확함, 합리적인 사고 등 모든 점들이다. 그 외에도 미처 열거하지 못한 부분들까지도 들추어낼 수 있어야 한다.

지식기반사회에서의 엔지니어는 자신이 할 수 있는 범위와 알고 있는 범위에 따라 해결할 수 있는 영역은 무한하기 때문이다.

5.2 문제 해결의 예

창의성의 개발이라는 절대 명제를 고려할 때, 교수들은 가급적이면 학생들에게 많은 범위의 다양한 형태의 예를 제시하지 않는 것이 좋을 수 있다. 왜냐하면, 그 자체가 어쩌면 학생들의 무한한 창의성을 억제할 수도 있기 때문이다. 따라서 문제의 해결은 학생 스스로가 어떠한 방법이라도 모색하여 해결해 나갈 수 있도록 하여야 하기 때문에, 교수는 고객의 입장에서 고객이 요구할 수 있는 사항만을 제시하고 지켜봐 주어야 한다.

스스로 문제를 해결해 나가는 즐거움이란 경험해 보지 못한 입장에서는 결코 느낄 수 없고 설명할 수도 없다. 학생 스스로 방법을 찾으면서 자연스럽게 접하게 되는 창의성에 대하여 학생들은 무한한 가능성을 엿보게 되는 즐거움을 얻게 될 것이다.

다음의 내용은 실제 강의 시간을 통하여 학생들에게 고객의 입장에서 요구사항을 제시한 후, 팀별로 창의적인 활동을 수행하게 하고 결과 발표회를 거친 내용 중에서 하나의 예를 제시한 것이다.

슬라이더 한 장 한 장을 면밀하게 검토하면서 프로세스를 이해하고 장점과 단점 등을 고찰하여 개인의 창의적인 활동에 응용해 보기를 바라는 마음이며, 학생들이 공학설계의 개념을 처음 접하는 입장이라면, 한번 시도해 보는 것도 좋을 듯하다.

요구사항

□ 국수나 우동면을 재료로 이용한 친환경 노트북용 테이블을 만들어 보자.

- 10kg의 하중을 견딜 수 있어야 한다.
- 접착제는 사용 가능하다.
- 300분 이내에 제작하여야 한다.

국수를 이용하여 노트북용 테이블 만들기

2학년 A반
허 민, 오재환, 진형주

그림 5-2 과제의 명칭

목 차

1. 고객의 요구사항
2. 문제의 정의
3. 개념설계
4. 예비설계
5. 상세설계
6. 설계 의사소통
7. 제작 및 검토
8. 완성 및 시험
9. 보고서 작성 및 발표회

그림 5-3 과제의 목차

1. 고객의 요구사항

☞ 국수와 우동을 재료로 이용하여 제작
☞ 제작물의 높이는 10cm 이상
☞ 10kg의 하중을 견딜 수 있는 내구성 확보
☞ 제작 시간은 300분 이내
☞ 접착제는 사용 가능(테이프 사용불가)

그림 5-4 고객의 요구사항

2. 문제의 정의

☞ 국수와 우동면을 이용하여 노트북 거치대를 만든다는 것이 현실적으로 과연 가능할까?
☞ 고객은 왜 그것을 요구하는가?
☞ 현재 판매하고 있는 노트북 거치대가 있을까? 있다면 어떤 재료와 형상으로 만들어져 있는가?
☞ 도대체 국수와 우동을 이용하여 제작을 해달라고 요청하는 고객의 요구에는 어떤 목적이 존재할까?
☞ 강도와 내구성을 충족시킬 수 있는 방법인가?
☞ 환경친화적인 측면을 고려한다면 어쩌면 의미가 있는 일인지도 모르겠다.
☞ 제작에 성공할 수 있다면 다양한 분야에 응용 가능할 수도 있겠다.
☞ 한정된 재료를 사용하면 디자인의 범위가 너무 제한적이지는 않을까?

그림 5-5 문제의 정의

3. 개념설계

☞ 소재는 쉽게 구할 수 있을 것으로 판단된다.

☞ 구할 수 있는 국수와 우동의 단면적이 어느 정도인지, 단위
면적에 대한 허용 응력은 하중의 종류에 따라 얼마나 되는지
를 조사한다.

☞ 재료의 원래 형상이 원형과 직사각형의 형태로 되어있는 것
을 조합하여 비교적 강도가 높은 형상으로 만들면 훨씬 효율
적이지 않을까?

☞ 고객의 요구에 의해 접착용 테이프를 제외할 경우에 재료와
재료를 결합할 수 있는 방법은 어떠한 것들이 있을까?

☞ 어떤 형태의 구조물을 형성하는 것이 좋을까?

☞ 다양한 형태로 만들어서 구조물에 직접 하중을 가해볼 수 있
는 방법은 없을까?

☞ 일반적으로 국수류를 손으로 만지면 밀가루가 묻어나는데 제
작을 한 후 마감을 하지 않고 그대로 두어도 좋을까?

☞ 재료의 건조 상태에 따른 문제점은 예측할 수 없을까?

그림 5-6 문제에 대한 개념설계

3-1. 개념설계의 과정

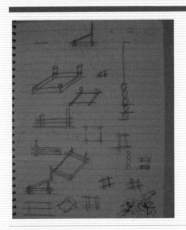

☞ 노트북용 테이블을 설계하기 위
하여 다양한 형태의 스케치를
실시하고 각각의 장점과 단점을
예측하여 보았다.

☞ 두 종류의 재료(국수, 우동)를
공동으로 사용하는 방법과 한
종류의 재료만을 사용하는 경우
로 구분하여 각각의 특징과 구
조물의 강성 등을 고려해보았다.

☞ 10cm 정도의 높이를 확보하기
위해서는 어떠한 방법을 통하여
적층 구조로 가는 것이 바람직
할 것인가를 검토하였다.

☞ 여러 개의 재료를 뭉치지 않고
단일본으로 제작하는 것은 불가
능할 것으로 판단하였다.

그림 5-7 개념설계의 과정

4. 예비설계

☞ 설계의 개념을 이해하고 모형과 시중의 제품 등에 대한 분석과 평가를 실시하였다.

☞ 인터넷 검색을 통하여 기존 시장의 정보를 확인하였다.

☞ 독립된 형태 또는 결합을 통한 거치대의 기능을 할 수 있는 실제의 제품이 존재하였고, 재료는 목재 또는 플라스틱 수지류가 주를 이루고 있음을 검토하였다.

그림 5-8   예비설계

5. 상세설계

☞ 개념설계 과정을 통하여 입수한 정보내용을 바탕으로 팀원간의 설계검토를 거쳐 최적화를 하였다.

☞ 구조물이 견딜 수 있는 하중을 고객이 10kg 정도로 요구하였기 때문에 실제 각 회사별로 판매중인 노트북 컴퓨터의 외형 치수와 무게 등을 고려하여 설계에 반영하였다.

☞ 고객의 요구를 수용하기 위하여 여러 형태의 모양과 굵기로 만든 소재에 대한 하중 시험을 하고 적정 여부를 검토하였다.

☞ 개념 설계 과정을 통하여 구상한 형태의 강성 정도를 검토하기 위하여 수단을 모색하던 중 실제 사용하고자 하는 재료와 유사한 형상을 가진 이쑤시개를 이용하여 모형을 제작해 보았다.

☞ 노트북의 경우에는 배터리에서 일어나는 충방전 현상으로 인하여 열의 방출이 많아 책상 유리가 깨지는 경우가 있었다는 의견이 있어서 가능하면 열의 방출을 쉽게 할 수 있는 구조를 결정하였다.

☞ 직경 1mm의 국수를 10본, 15본, 20본과 같은 3종류로 구분하여, 원형의 단면적을 가지는 형태의 1차 재료를 만들기로 하였다.

☞ 서로 굵기가 다른 재료를 이용하여 기둥과 수평보 및 수직보로 활용하여 구조물을 제작하기로 하였다.

그림 5-9   상세설계

65

5-1. 상세설계의 과정

☞ 기존 노트북의 사이즈 조사

제품명		인치	가로(mm)	세로(mm)	무게(kg)
L G	J5P6CL	17	382	275	3.1
	W420M	15	329	274	2.7
	B350K	12	301	226	1.89
삼 성	W161	15	329	272	2.7
	SSG	14	320	265	2.38
소 니	AX-570	17	401	297	3.6
	G115LN	12	277	215	1.0

그림 5-10 상세설계의 과정

5-2. 상세설계의 과정

☞ 소형화와 경량화에 설계의 초점을 두고
팀이 제작할 테이블의 사이즈를 결정하였다.

가로	세로	높이
20mm	20mm	10mm

그림 5-11 상세설계의 과정

5-3. 상세설계의 과정

☞ 모형 실험

- 이쑤시개를 이용한 다양한 형태의 모의 실험 실시
- 단위 면적에 대한 하중 시험

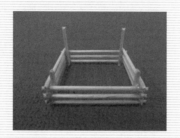

그림 5-12 상세설계의 과정

6. 설계 의사 소통

☞ 고객의 요구사항에 근거하여 최대한의 의견을 수렴할 수 있는 범위(높이 10cm, 하중범위 10kg, 납기 300분, 사용 재료 등)에서 설계 활동을 수행하고 고객의 동의를 구하였다.

☞ 이때, 고객은 최초에 요구사항을 제시하였던 고객 기술문에서 언급하지 않았던 노트북 설치시의 기울기에 대하여 물어왔으며, 이에 대하여 인간공학적인 면을 고려하여 약간의 기울기를 두는 방향으로 설계를 하였다고 의견을 제시하였고 고객은 만족함을 표현하였다.

☞ 고객과 설계자는 본 과정을 통하여 노트북의 기울기, 사이즈의 소형화, 배터리의 열 방출을 고려한 형태의 설계, 내구성 및 하중에 대한 강성 확보 등에 대하여 최종적으로 합의하고 제작에 착수하기로 하였다.

☞ 이를 통해 설계과정에서 고려되었던 모든 부분에 대한 설계의 기록화가 가능하였다고 판단하며, 고객(사용자)의 의견에 대한 충분한 피드백 과정을 거친 것으로 판단하였다.

그림 5-13 설계 의사 소통

7. 제작 및 검토 과정

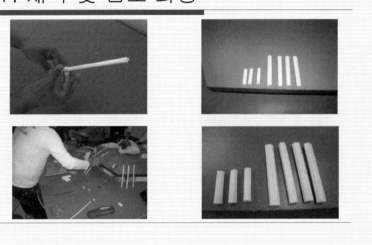

그림 5-14 제작 및 검토 과정

7-1. 제작 및 검토 과정

☞ 면 재료의 선택
보통의 국수보다 약간 굵은 지름 1mm의 국수 중에서 건조상태가 양호할 것으로 판단되는 제조일자가 가장 오래된 국수를 선택하여 구매하였다.

☞ 본드의 선택
과제의 예고를 받은 후 약간의 실험을 해 본 결과 물과 강력 본드 등을 이용한 실험도 해 보았지만 최종적으로 목공용 본드가 가장 적당할 것으로 판단하였다.

그림 5-15 제작 및 검토 과정

7-1. 제작 및 검토 과정

☞ 설계된 치수에 따라 보의 형태로 적층 구조를 만들어 요구하는 높이 치수를 완성하였다.

☞ 목공용 본드를 주로 이용하고 구조물의 초기 형상을 유지하기 위한 수단으로 순간접착제를 미량 사용하였다.

☞ 비틀림 등의 변형을 최소화하기 위하여 작업은 반드시 수평면이 확보된 작업대를 사용하여야 한다.

☞ 구조물의 제작시 본드의 경화를 촉진하기 위하여 드라이어 등을 사용하는 것은 절대 금물이라는 사실을 확인하였다.

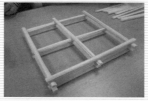

그림 5-16 제작 및 검토 과정

7-3. 제작 및 검토 과정

☞ 노트북을 받침대에 설치하였을 경우에 확보하여야 할 기울기를 고려하여 기둥의 단면을 경사면으로 가공하였다.

☞ 절단면은 가공의 완성도를 높이기 위하여 1000번 정도의 사포를 이용하여 깨끗하게 마감 처리를 하였다.

☞ 손에 밀가루가 묻어 나오는 현상을 방지하기 위하여 스프레이를 이용하여 표면 마감을 하였다.

그림 5-17 제작 및 검토 과정

7-4. 제작 및 검토 과정

☞ 원형으로 만든 단위 국수 다
발을 이용하여 보를 설치하
는 것과 같은 형상으로 적층
구조로 쌓아 올린 구조물의
강도 증가를 목적으로 기둥
을 서로 엇갈리는 형태로 설
치하여 견고성을 높였다.

그림 5-18 제작 및 검토 과정

7-5. 제작 및 검토 과정

☞ 제작의 마무리 단계를 나타
낸 것으로 초기에 예상을 하
였던 것에 비하여 제작 시간
이 많이 소요되었다.

☞ 전체 주어진 300분 가운데
문제의 정의 단계 및 예비 설
계 단계 등을 위한 활동으로
브레인스토밍 활동을 하였는
데 100분 정도가 소요되었다.

☞ 충분한 검토 과정을 거치지
않았을 경우에는 예상하지
못한 문제가 발생할 수도 있
었을 것이며, 그 경우에는 현
재보다 더 많은 시간이 걸릴
수 있다는 생각도 해 보았다.

그림 5-19 제작 및 검토 과정

8. 완성 및 테스트

제작 완료된 작품의 모습

그림 5-20 완성 및 테스트

8-1. 테스트

☞ 하중 테스트를 해 보기로 하였으나 처음에는 확신이 없어 고객의 요구 하중보다 작은 값으로 테스트를 하였다.

☞ 예상 외로 잘 견디는 것 같아 구할 수 있는 철제 원반을 총 동원하여 하나씩 더 올려 보았다.

☞ 최종적으로 10kg(2개), 7.5kg(2개), 5kg(2개), 2.5kg(2개) 를 올려 50kg의 하중에 견딜 수 있음을 확인하였다.

그림 5-21 테스트

8-2. 테스트

☞ 용기가 생겼다!
☞ 자신감이 생겼다!
☞ 마무리 테스트다!
☞ 내가 올라가겠다.
  75kg인 사람이 올라갔음
  에도 불구하고 당당하게
  견디는 국수 구조물의
  저력에 나는 할 말을 잃
  었다.

그림 5-22 테스트

예비 설문과 중간 설문의 차이점

1. 지금까지 나는 무엇이라도 생각을 형상화(제품화)
   시켜본 적이 있다.   (3)
     1) 2번 이상 2) 1번 3) 전혀 없다.
2. 나는 공학과 설계의 개념에 대하여 기본적인 이해
   를 하고 있다.   (2)
     1) 그렇다.   2) 그렇지 않다.
3. 창의적인 문제해결능력이 공학의 발전과 개인의 가
   치 향상에 필요하다고 생각한다.   (1)
     1) 그렇다.   2) 그렇지 않다.

1. 지금까지 나는 무엇이라도 생각을 형상화(제품화)
   시켜본 적이 있다.   (2)
     1) 2번 이상 2) 1번 3) 전혀 없다.
2. 나는 공학과 설계의 개념에 대하여 기본적인 이해
   를 하고 있다.   (1)
     1) 그렇다.   2) 그렇지 않다.
3. 창의적인 문제해결능력이 공학의 발전과 개인의 가
   치 향상에 필요하다고 생각한다.   (1)
     1) 그렇다.   2) 그렇지 않다.

그림 5-23 과제 수행 후의 자기 평가

제6장

도면의 이해

학습목표

◉ 공학의 가장 기본이 되는 도면에 대한 이해를 통하여 설계자의 의사를 제작자에게 전달하는 수단을 이해할 수 있다.

◉ 입체의 물체를 평면상에 표현할 수 있는 투상법에 대한 개념을 이해하고 제3각법에 의하여 기본적인 물체의 정투상을 할 수 있다.

◉ 도면상에 각종의 기호나 문자 및 치수 등을 정확하게 기입하는 방법을 이해하고, 타인이 작성한 도면을 읽고 이해할 수 있다.

6.1 도면과 제도

우리가 자신의 의지를 타인에게 전달하는 경우에 말이나 문장, 또는 악보나 그림 등을 이용한다. 즉, 말이나 문장 및 행동의 표현이 일상생활의 범주라고 볼 수 있다면, 그림은 물체의 형태나 크기를 시각적으로 표현한 것이다.

즉, 사람은 말이나 글 또는 행동으로 자기의 느낌이나 생각을 다른 사람에게 전달하고 있는데, 이를 더 정확히 전달하기 위해서 그림이나 도면으로 표현하는 경우가 있다. 물체의 모양을 종이 위에 표현하는 방식으로는 그림, 사진 및 도면 등이 있다.

그림은 그리는 사람의 주관에 따라 표현하는 것인데 비하여 사진은 사진기의 렌즈에 비친 그대로를 나타낸 것이며, 도면은 제도기나 컴퓨터를 이용하여 물체의 모양과 크기를 일정한 규칙에 따라 제도 용지 또는 화면에 나타내는 것을 말한다.

(1) 도면

도면은 '토목·건축·기계·전기 등의 구조나 설계 등과 같은 사물의 관계를 명확하게 나타낸 그림'으로 정의할 수 있으며, 일반적으로 사용 목적과 내용, 작성방법 및 성격에 따라 여러 가지로 분류된다.

도면의 작성으로부터 이용에 이르기까지의 과정에 대해 자동차의 경우를 예로 들어 생각해 보자. 새로운 자동차를 설계하는 사람은 먼저 탑승인원을 결정한 후에 차체의 크기를 결정할 수 있다. 그 이후에 차체의 스타일을 결정할 수 있고, 엔진 부분의 고려에 있어서는 배기량이나 기계의 구조 등을 결정하고, 그 외에도 타이어나 제동장치 및 핸들 등과 같은 관련 요소들에 대한 각종의 치수가 결정되어질 것이다.

상기의 내용을 근거로 하여 자동차의 구성 부품을 제작하기 위한 부품도와 제작도를 작성하고, 각 부품의 조립을 위한 조립도를 완성하게 된다. 물론, 필요한 경우에는 설명도와 시방서 등을 작성하기도 한다. 현재까지는 도면을 작성하는 설계자의 입장에서 살펴 본 내용이다.

다음에는 작성된 도면을 이용하여 작업하는 사람의 입장에서 보면, 부품도와 제작도를 보면서 부품을 생산하고, 조립도를 보면서 각각의 생산된 부품을 조립하여 자동차를 완성하게 될 것이다.

또한, 자동차를 판매하는 사람의 입장에서 보면, 작성된 설명서를 보면서 취급과 관련된 분야에 대하여 사용자에게 설명을 할 것이고 점검이나 정비를 담당하는 유지관리자의 입장에서는 정비에 활용할 것이다.

이와 같은 관점으로 보면, 도면은 도면을 작성하는 사람(설계사, 제도사), 도면을 이용하여 기계나 구조물을 만드는 사람(부품제작자, 조립자), 도면을 이용하여 기계를 판매 · 운전 · 조작 · 정비하는 사람(사용자, 판매사, 정비사) 등에 의하여 사용되어지고 있다는 것을 알 수 있다.

따라서, 위의 내용으로부터 알 수 있는 것은 도면을 작성하는 사람보다 도면을 읽고 이해하는 쪽의 사람이 훨씬 많다는 것을 알 수 있기 때문에, 도면을 작성할 때에는 설계자의 의도를 제작자나 사용자에게 정확하게 이해시킬 수 있도록 작성하여야 한다는 사실을 충분히 이해할 수 있을 것이다.

1) 사용 목적에 따른 도면의 분류

① 계획도

계획도(Scheme Drawing)는 제작도에 앞서 그려지는 도면으로 설계자의 의도가 명시되어 있으며 만들고자 하는 물품의 계획을 나타낸 도면이다.

② 제작도

제작도(Manufacture Drawing)는 설계 제품을 제작할 때 사용되는 도면으로 설계자의 최종적인 의도를 충분히 전달하여 물품을 만들게 하기 위하여 사용되는 도면으로 부품도와 조립도가 있다.

③ 주문도

주문도(Order Drawing)는 주문서에 첨부하여 주문하는 사람의 요구 내용을 제시하는 도면이며, 물품의 모양, 정밀도, 기능 등의 개요를 제시하는 도면이다.

④ 승인도

승인도(Approved Drawing)는 주문받는 사람이 주문하는 사람 또는 다른 관계자의 검토를 거쳐 승인을 받아 제작 및 계획에 활용되는 도면이다.

⑤ 견적도

견적도(Estimation Drawing)는 견적서에 첨부하여 주문할 사람에게 주문품의 내용을 설명하는 도면으로 가격 등이 나타나 있다.

⑥ 설명도

설명도(Explanation Drawing)는 제품의 구조, 원리, 기능, 취급법 등의 설명을 목적으로 하는 도면으로 참고자료 도면이라고도 하며, 예를 들면 카탈로그(Catalog)가 있다.

2) 내용에 따른 분류

① 조립도

조립도(Assembly Drawing)는 기계나 구조물의 전체 조립 상태를 나타내는 도면으로 조립도를 보면 구조를 알 수 있으며, 보통은 조립에 필요한 치수만을 기입한다.

② 부분 조립도

부분 조립도(Partial Assembly Drawing)는 규모가 크거나 복잡한 기계를 1장의 조립도로 그리기 어려울 때 몇 개의 부분으로 나누어 조립 상태를 표시하며 각 부분의 자세한 조립 상태를 나타내는 도면이다.

③ 부품도

부품도(Part Drawing)는 물품을 구성하는 각 부품에 대하여 가장 상세하게 표현된 도면이며 이에 의하여 실제로 제품이 제작되는 도면이다.

④ 공정도

공정도(Process Drawing)는 제조 과정에서 거쳐야 할 각 공정의 가공법, 사용 공구 및 치수 등을 상세히 나타내는 도면으로 공작 공정도, 제조 공정도, 설비 공정도 등이 있다.

⑤ 상세도

상세도(Detail Drawing)는 건축, 선박, 기계, 교량 등의 필요한 부분을 상세하게 나타내는 도면이다.

⑥ 접속도

접속도(Connection Diagram)는 전기 회로의 접속을 표시하는 도면으로 전기 기기의 내부, 상호간 접속 상태 및 기능을 나타내는 도면이다.

⑦ 배선도

배선도(Wiring Diagram)는 전선의 배치를 나타내는 시공 도면으로 전기 기기의 크기와 설치할 위치, 전선의 종류, 굵기, 수 및 배선의 위치 등을 도시 기호와 문자 등으로 나타내는 도면이다.

⑧ 배관도

배관도(Piping Drawing)는 관의 배치를 표시하는 시공 도면으로 펌프, 밸브 등의 위치, 관의 굵기와 길이, 배관의 위치와 설치 방법 등을 자세히 나타내는 도면이다.

⑨ 계통도

계통도(System Diagram)는 관속을 흐르는 물, 기름, 가스, 전력 등과 같이 계통을 표시하는 도면으로 이들의 접속과 작동을 나타낸다.

⑩ 기초도

기초도(Foundation Drawing)는 일정 지역의 건물의 위치, 기계, 구조물 등을 설치하기 위한 기초 공사를 나타낸 도면으로 콘크리트 기초의 높이, 치수 등과 설치되는 기계나 구조물과의 관계를 나타내는 도면이다.

⑪ 설치도

설치도(Setting Drawing)는 보일러나 기계 등의 설치 관계를 나타내는 도면이다.

⑫ 배치도

배치도(Layout Drawing)는 공장 안에 많은 기계를 설치할 때 각 기계의 위치를 명시하는 도면이며, 공정 관리, 운반 관리 및 생산 계획 등에 사용된다.

⑬ 장치도

장치도(Equipment Drawing)는 기계나 보일러 등의 부속품 설치 상황이나 화학 공장에서 사용되는 각 장치의 배치 및 제조 공정 등의 관계를 표시하는 도면이다.

⑭ 전개도

전개도(Development Drawing)는 구조물, 물품 등의 표면을 평면으로 전개한 도면이다.

(2) 제도

제도란 선과 문자 및 기호로 구성된 도면을 작성하는 작업을 말하는 것으로 물건의 형상, 크기, 재료, 가공법, 구조 등을 일정한 법칙과 규약에 따라 정확, 명료, 간결하게 표시한 것이다.

도면은 물품 제작뿐만 아니라 기획이나 견적, 설계, 설치, 배선 등 폭넓게 사용된다. 제도에는 기계 제도, 전기 제도, 건축 제도, 토목 제도, 화공 제도, 조선 제도 등 여러 가지가 있다.

표 6-1 제도 규격의 보기

KS 번호	규격 명칭
KS A 0005	제도 통칙
KS A 0106	도면의 크기 및 양식
KS A 0107	제도에 사용하는 문자
KS A 0109	제도에 사용하는 선
KS A 0110	제도에 사용하는 척도
KS A 0111	제도에 사용하는 투상법
KS A 0112	제도에 있어서 도형의 표시 방법
KS A 0113	제도에 있어서 치수의 기입 방법

도면은 설계자의 생각을 확실하게 제작자에게 전달하기 위한 수단이기 때문에 명확한 의사 전달을 위하여 국제적인 공업규격(ISO)과 한국공업규격(KS)을 제정하여 시행하고 있다. 즉, 제도에 관한 기본적인 규격을 제도통칙(KS A 0005-1966)에 제시하고 있다.

(1) 선의 종류

도면에 사용되는 선은 일정한 뜻을 가지고 있기 때문에 제도는 일정한 부호와 선으로 구성된다고 할 수 있다. 따라서 도면의 작성에 사용되는 선은 단순히 물체의 모양만 나타내는 것이 아니기 때문에 상호간의 관계를 명확히 할 필요가 있다.

즉, 선은 모양과 굵기에 따라 서로 다른 기능을 갖고 있기 때문에 제도에서는 선의 모양과 굵기를 규정하여 사용하고 있다. 선은 모양에 따라 다음과 같이 분류된다.

표 6-2 모양에 따른 선의 분류

선의 명칭	선의 모양	선의 형태 및 긋는 방법
실선 (Continuous Line)	————————	연속적으로 그은 선
은선 (Dashed Line)	··························	일정한 길이로 반복하여 그은 선
1점 쇄선 (Chain Line)	—·—·—·—·—	길고 짧은 길이로 반복하여 그은 선
2점 쇄선 (Chain Double Cashed Line)	—··—··—··—	긴 길이, 짧은 길이, 짧은 길이의 순으로 반복하여 그은 선

(2) 선긋기의 일반적인 주의 사항

① 한 종류의 선을 그을 때는 굵기와 농도가 일정하여야 한다.
② 도면에 두 종류 이상의 선이 같은 장소에 겹치는 경우에는 선의 우선순위에 따른다.
③ 선이 접속하거나 교차할 때에는 다음의 방법으로 그린다.
　　㉠ 원호와 직선의 접속점에서는 서로 층이 나지 않게 그린다.
　　㉡ 모서리 부분에는 선이 서로 연결되게 그린다.
　　㉢ 실선과 은선, 은선과 은선이 접속하거나 교차하는 지점에는 선이 이어지게 그린다.

ⓔ 외형선과 은선이 접속하는 부분에서는 서로 이어지도록 선을 긋는다.

ⓜ 은선의 시작과 다른 은선 또는 외형선과 접속하는 부분에서는 서로 이어지도록 긋는다.

ⓗ 1점 쇄선을 이용하여 교차하는 중심점을 그릴 경우에 교차점은 서로 이어지도록 긋는다.

ⓢ 은선끼리 교차되는 부분에서는 서로 이어지도록 긋는다.

ⓞ 두 개의 은선이 인접하여 평행한 경우에는 어긋나게 긋는다.

ⓩ 두 개의 은선 사이에 실선이 있을 때에는 은선의 위치가 서로 같게 되도록 긋는다.

(3) 선을 긋는 방법

① 직선을 긋는 방법

수평선은 그림 6-1(a)와 같이 연필을 오른쪽으로 40 ~ 50°기울여 왼쪽에서 오른쪽 방향으로 긋는다. 이때, 선의 굵기를 일정하게 하기 위한 수단으로 연필을 돌려가면서 긋는 것이 좋다.

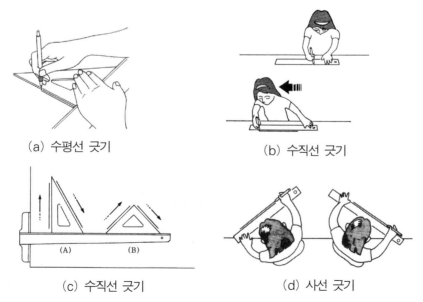

(a) 수평선 긋기   (b) 수직선 긋기

(c) 수직선 긋기   (d) 사선 긋기

그림 6-1 직선을 긋는 방법

수직선을 그을 때에는 T자의 날 부분에 삼각자를 놓은 상태에서 그림 6-1(b)와 같은 방향으로 긋는다. 이때, 왼손으로 T자를 누르고 왼손가락으로 삼각자를 움직여 선의 위치를 잡은 후, 그림 6-1(c)와 같은 상태로 그으면 된다.

사선을 긋는 방법은 그림 6-1의 (c)와 (d)와 같은 요령으로 긋고, 필요한 경우에는 2개의 삼각자를 조합하여 필요한 각도를 얻을 수 있다.

② 원과 원호를 그리는 방법

보통 크기의 원은 중형 컴퍼스, 작은 원은 스프링 컴퍼스, 크기가 큰 원은 빔컴퍼스를 사용하여 그린다. 이때, 바늘의 끝을 바르게 하여 원 또는 원호의 중심과 수직이 되도록 맞추어 편리한 방향으로 돌리면서 그리면 된다.

그림 6-2에서 보는 바와 같이 컴퍼스의 바늘과 연필심은 종이면과 직각이 되도록 사용하는 것이 좋으며, 빔컴퍼스를 사용하는 경우에는 컴퍼스의 다리를 꺾어서 종이면과 직각을 유지하는 것이 좋다.

연필의 심은 컴퍼스의 바늘보다 0.5mm 정도 짧게 나오게 조정하는 것이 원이나 원호를 그리는데 유리하다. 또한, 컴퍼스로 그린 원이나 원호 부분의 선의 굵기는 직선부의 선 굵기와 동일하여야 한다.

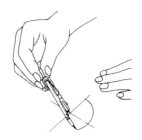

(a) 중심잡기　　　　　　　　(b) 원 또는 원호 그리기

그림 6-2 컴퍼스를 이용한 원 또는 원호 그리기

③ 불규칙한 곡선을 그리는 방법

불규칙한 곡선은 운형자를 사용하여 그릴 수 있는데, 운형자를 사용할 경우에는 여러 가지 곡선 부분 중에서 그리고자 하는 곡선 부분에 적합한 것을 골라 몇 구간으로 나누어 그린다.

이때, 나눈 구간의 전부를 그리지 않고 다음 구간과의 연결을 위해 연결 부분 약간 앞쪽에서 멈추는 것이 좋다. 이와 같은 방법을 되풀이하여 가능한 범위 내에서 최대한 매끈한 곡선이 되도록 그린다.

(4) 문자

도면을 작성한 후 글자를 사용하여 치수는 물론 재료, 정밀도, 가공법 등을 기입하여야 한다. 도면은 설계자의 의도를 가공자에게 정확하게 전달하는데 그 목적이 있기 때문에 문자는 혼동되지 않고 명확히 읽을 수 있도록 적어야 한다.

문자는 간결하게 쓰고 가로쓰기를 원칙으로 하며, 같은 도면에서는 글자의 높이를 같게 맞추어 쓰고 너비를 적절히 가감하여 기입하는 요령이 필요하다. 일반적인 제도용 문자의 작성은 다음의 규정에 따르는 것이 바람직하다.

① 글자는 높이와 축선 방향 및 선의 굵기를 고르게 할 수 있는 범위 내에서 약간 굵게 쓰며, 혼동할 염려가 없는 글자체를 이용한다.
② 연필로 쓰는 문자는 도형을 표시한 선의 농도에 맞추어 쓴다.
③ 문장은 왼쪽에서 오른쪽 방향으로 가로쓰기를 한다.
④ 글자체는 고딕으로 하고 수직 또는 오른쪽으로 15° 기울여 쓰는 것을 원칙으로 한다.
⑤ 한글, 한자, 영문, 숫자의 4종류를 주로 사용하며 가능하면 한 종류의 도면 내에서 혼용하지 않는 것이 바람직하다.

6.3 도면의 성립

(1) 도면의 양식

기계는 단일 기계도 있지만 일반적으로는 여러 가지 부품을 조립하여 구성하기 때문에, 기계를 도면에 표시하기 위해서는 부품의 형상과 크기를 구체적으로 표현한 부품도와 각 부품의 조립위치 관계를 표시하는 도면인 조립도를 필요로 한다.

부품도에 기입되는 것은 제품의 형상과 치수는 물론, 치수의 허용 범위, 표면 거칠기, 가공방법, 재료 및 제작 개수 등이 있으며, 그 외에도 부품의 제작과 관련된 중요한 정보를 기입할 수 있다.

조립도는 각 부품들의 조립 상태를 나타내는 도면을 말하며 기계의 길이, 높이, 폭 등과 같은 주요 치수를 기입할 수 있다.

일품 일엽도면(一品 一葉圖面)은 한 개의 부품을 1장의 도면에 그리는 양식으로서 부품의 제작과정의 계획·중요 계산·원가 계산·도면의 관리 등의 경우에 사용하면 편리하다.

다품 일엽도면(多品 一葉圖面)은 다수의 부품을 1장의 도면에 그리는 양식으로 간단한 기계나 도구 등과 같이 부품 간의 관계를 대조하는 경우 등에 사용하면 편리하다.

(2) 척도

기계나 부품 등과 같은 대상물을 도면으로 표시할 경우에 실물의 크기와 동일한 치수로 그리는 것이 가장 이상적이지만, 비행기나 IC 등과 같은 물체를 실물크기로 도면에 나타내는 것은 불가능하다.

따라서, 제품을 도면상에 나타낼 경우에는 편의상 물체의 크기를 실제와 다르게 나타낼 필요가 있다. 이때, 물체의 실제 크기와 도면에서의 크기와의 비율을 척도(Scale)라 하는데, 척도에는 실물보다 축소하여 그린 축척(Contraction Scale), 실물과 같은 크기로 그린 현척(Full Scale), 실물보다 확대하여 그린 배척(Enlarged Scale)이 있다.

척도는 A:B와 같은 형태로 표시하는데, 여기에서 A는 도면에서의 크기를 B는 물체의 실제 크기를 각각 나타낸다. 즉, 축척의 경우에는 A를 1로, 현척인 경우에는 A, B 모두를 1로 나타내며, 배척인 경우에는 B를 1로 나타낸다.

(3) 도면의 크기

제도용지의 크기는 한국공업규격(KS A 0005)에 따라 'A열'의 것을 사용한다. 도면의 크기는 도형의 크기와 척도에 따라 결정하여 사용하며, 제도용지의 세로와 가로의 길이 비는 $1:\sqrt{2}$이고, A_0 용지의 넓이는 약 1㎡이며, B_0의 넓이는 약 1.5㎡이다. 큰 도면을 접을 때는 A₄의 크기로 접는 것을 원칙으로 한다.

(4) 표제란과 부품란

표제란은 도면의 우측 하단부에 작성하는 것이 원칙이며, 도면의 관리에 있어 매우 중요한 의미를 갖는다. 즉, 표제란은 도면의 외곽을 나타내는 테두리선에 접하여 작성하는데, 테두리선(Border Line)이란 도면의 크기에 따라 0.5mm 이상의 굵기인 실선으로 긋는 선을 말한다.

도면 번호는 간단히 도번이라고 부르며, 아라비아 숫자와 영문자의 조합으로 표현하는 것이 대부분이다.

도번은 표제란 내에 적당한 칸을 만들어 기입하기도 하고 표제란 이외의 적당한 장소에 기입하여도 무방하다.

부품란은 도면의 우측 상단부 또는 우측 하단부에 위치한 표제란의 위 부분에 작성하는 것이 대부분이다. 부품란에는 도면에 그려져 있는 부품의 번호·품명·재료·개수·공정·중량·특기 사항 등을 기록한다.

6.4 물체의 투상법

입체적인 물체를 평면상으로 표시한 도면을 사용하는 경우가 많다. 물체를 투명한 유리와 같은 평면의 뒷부분에 두고 유리의 전면에서 물체를 바라볼 때 나타나는 도형을 투상 또는 투상법이라고 말한다.

이때 시선에 해당하는 선은 투상선, 화면에 해당하는 평면 또는 투상선이 모여서 이루는 면을 투상면이라고 말하는데, 투상도법은 3차원적인 공간상의 도형을 2차원적인 평면상에서 해결하여 표시하는 화법기하학(Descriptive Geometry)적인 표현방법이라고 말할 수 있다.

도면을 그릴 때에는 입체를 평면적으로 그리는 기술이 필요하고, 도면을 읽을 때에는 평면적인 도면으로부터 입체를 상상할 수 있는 능력이 요구된다.

투상을 하는 일반적인 방법은 시선을 하나의 점에 모이게 한 상태에서 물체를 바라보는 방법인 투시투상법과 시선이 물체의 각각의 형상에 평행한 상태에서 바라보는 방법인 평행투상법으로 크게 구분할 수 있다.

또한, 투시투상법에 의하여 그려진 그림을 투시도라고 하는데 주로 건축도면이나 디자인 드로잉 등에 널리 사용되고 있으며, 시선이 한 점에 모이지 않은 상태에서 2차원적으로 표시하는 방법은 기계도면에서 널리 활용되고 있다.

(1) 정투상법

도면을 그리기 위하여 물체를 투상할 때 물체와 투상면이 평행한 상태 즉, 투상선과 투상면이 직각인 상태로 작업하는 것을 직각투상이라고 말하며, 기계도면에서는 직각투상법에 따르는 것을 원칙으로 한다.

물체의 형상을 가장 구체적으로 표현하기 위하여 3면이 서로 직각으로 만나는 화면 내부에 물체를 놓고 각 화면에 수직으로 평행광선을 투사하면 화면에는 물체와 동일한 그림을 얻을 수 있다. 이때, 얻어진 투상도를 물체를 투상한 위치에 따라 각각 정면도(Front View), 평면도(Top View), 측면도(Side View)라 하고, 3개의 화면을 일정 위치에 배치한 것을 정투상도라 한다.

정투상도는 투시도나 사투상도 또는 등각·부등각 투상도와는 달리 물체의 형상을 가장 간단하고 정확하게 나타낼 수 있을 뿐 아니라, 기계의 내부 구조와 같은 복잡한 부분까지도 충분히 표시할 수가 있기 때문에 널리 사용된다.

정투상법에는 투상면에 대하여 물체를 놓는 방법에 따라 제1각법(First Angle Projection)과 제3각법(Third Angle Projection)이 있다.

KS 규격에 따르면 투상법은 제3각법에 따르는 것을 원칙으로 하며, 필요한 경우에는 제1각법에 따를 수도 있다.

도면은 간단하게 표현할 수 있어야 함은 물론, 보는 사람이 이해하기 쉬울 뿐 아니라 가공자로부터 오해를 유발하지 않는 도면이 좋다. 따라서, 투상도의 수를 표시할 때에는 해당 물체의 특징을 보다 잘 표현할 수 있는 면을 정면도로 하여 나타내고, 정면도만으로 부족할 경우에는 측면도나 평면도를 보충하여 나타내면 되는데 투상시의 일반적인 유의사항은 다음과 같다.

① 기능과 동작을 나타내는 조립도를 표시할 경우에는 물체가 사용되고 있는 상태를 기준으로 하여야 한다.

② 투상할 물체는 가능한 범위 내에서 안정된 상태로 두어야 한다.

③ 물체의 형상이나 특징을 가장 두드러지게 나타내는 부분(물체의 형상 판단이 용이한 부분, 은선이 적게 사용되는 부분)을 정면도로 선택하여 나타낸 후 필요시 평면도와 측면도를 그린다.

④ 도면의 배치 시 가능한 범위 내에서 은선의 개수를 최소화하여야 한다.

⑤ 부품도와 같이 가공이 필요한 경우에는 가공자의 편의를 위해 가공량이 많은 공정을 기준으로 하여 공작물이 놓여질 수 있도록 하여야 한다.

(2) 입체를 평면으로 투상하기

도면을 이해할 수 있다는 것은 입체도를 보고 평면상으로 표현할 수 있어야 할 뿐 아니라 평면적인 도면을 보고 즉시 입체적인 형상을 머리 속에 연상할 수 있는 능력을 의미하는 것이다. 이를 위해서는 투상과 관련한 기본적인 개념을 갖고 반복 연습을 수행하는 것이 필요하며, 머리 속으로 생각만 하는 것보다는 실제 도면이나 모니터 화면상에서 연습을 하는 방법 외에는 달리 왕도가 없다.

그림 6-3과 같은 물체의 투상도를 제3각법을 이용하여 그리는 방법에 대하여 생각해보자. 여기에서 화살표 방향을 정면도라고 가정한다.

① 어느 면을 정면도로 할 것인가를 먼저 선택하여야 한다. 정면도는 물체의 형상적 특징을 가장 잘 나타내고 있는 면을 선택하는 것이 일반적인데, 예를 들어 사람을 그릴 때에는 앞에서 본 부분이 정면도에 해당하며, 개나 말을 그릴 때에는 측면에서 볼 수 있는 부분을 정면도로 선택하는 것이 훨씬 이해가 쉬울 것이다. 물론, 자동차의 경우도 이와 마찬가지로 전조등이 있는 부분보다는 문이 달려있는 측면 부분을 정면으로 취하는 것이 훨씬 효과적인 표현 방법이 될 것이다.

정면도의 선택은 물체를 투상할 때 매우 중요한 요소이며, 물체의 모든 형상과 치수는 정면도를 중심으로 전개되기 때문에 주의하여야 한다.

② 규칙에 맞추어 선의 용도를 이해하고 도면을 그린다. 실선은 물체와 공간 사이의 경계부분에서 눈에 보이는 경계선을 나타내며, 은선은 실선과 함께 널리 사용되는

선으로 외형선보다 약간 가늘고 짧은 선을 조금 간격을 띄우고 연속적으로 늘어놓은 것으로 물체의 보이지 않는 부분을 표시하기 위한 선을 말한다.

③ 투상을 할 때 불필요한 도면은 그리지 않는다. 도면은 해당 물체의 특징을 충분히 나타낼 수 있는 범위 내에서 가능한 한 간단하게 표현하는 것이 바람직하기 때문에 불필요한 부분의 투상은 하지 않는 것이 좋다.

④ 투상도의 배치는 상관선을 고려하여야 한다. 아무리 잘 그린 도면일지라도 정면도와 평면도 및 우측면도가 임의의 위치에 존재한다면 입체의 연상이 어려워진다. 반드시 상관선을 준용하여 배치하여야 한다.

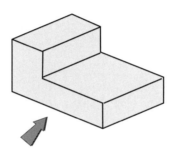

그림 6-3 투상도의 연습

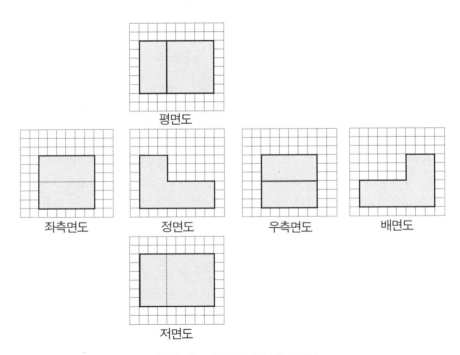

평면도

좌측면도   정면도   우측면도   배면도

저면도

그림 6-4 제3각법에 의한 6면도

(4) 입체를 평면적으로 나타내는 법

투상도의 연습을 통한 궁극적인 목표는 독도(讀圖)에 있다. 독도라고 하는 것은 도면을 읽는 것을 말하며, 이는 도면을 보고 즉시 그 물체의 입체적인 형상을 상상할 수 있고 도면의 기호나 숫자의 의미를 바르게 이해하여 그 모양과 형태를 보다 정확하고 구체적으로 파악할 수 있는 능력을 말한다.

이를 위해서는 물체를 표현하는 선은 물론이고 도면에 기재되어 있는 기호나 숫자의 올바른 의미 파악을 통하여 물체의 형상을 보다 구체적으로 이해할 수 있어야 하는데, 이와 같은 능력을 함양하기 위해서는 실제로 도면을 그리면서 학습을 진행하는 것이 가장 바람직한 일이다. 다음의 과제를 중심으로 실력을 함양시키기 바란다.

투상도의 연습(1)

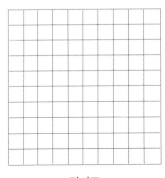

평면도

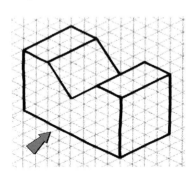

입체도

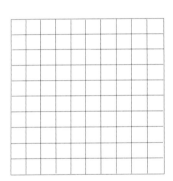

정면도

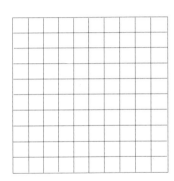

우측면도

■ 요구사항

☞ 주어진 입체도를 보고 모눈종이를 이용하여 정투상법에 의한 제3각법으로 투상도를 완성하시오.

☞ 화살표가 표시되어 있는 방향을 정면도로 하여 필요한 투상도만을 작성하시오.

☞ 모눈의 가로·세로 1칸을 각각 5mm로 간주하여 치수선과 치수보조선을 그리고 치수를 기입하시오.

■ 주의사항

☞ V 블록 부분의 중앙부에도 평면도상에서는 외형선이 나타난다.

투상도의 연습(2)

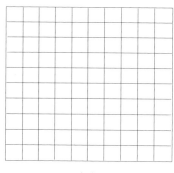

평면도

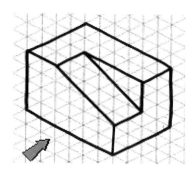

입체도

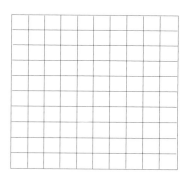

정면도

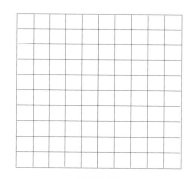

우측면도

■ 요구사항

☞ 주어진 입체도를 보고 모눈종이를 이용하여 정투상법에 의한 제3각법으로 투상도를 완성하시오.

☞ 화살표가 표시되어 있는 방향을 정면도로 하여 필요한 투상도만을 작성하시오.

☞ 모눈의 가로·세로 1칸을 각각 5mm로 간주하여 치수선과 치수보조 선을 그리고 치수를 기입하시오.

■ 주의사항

☞ 경사면이 있더라도 실제 외형은 직사각형임을 파악할 수 있어야 한다.

투상도의 연습(3)

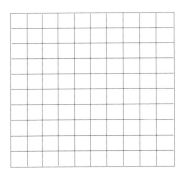

평면도

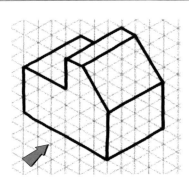

입체도

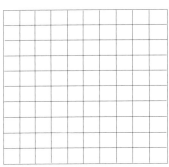

정면도

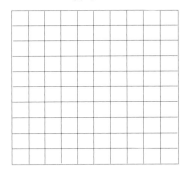

우측면도

■ 요구사항

☞ 주어진 입체도를 보고 모눈종이를 이용하여 정투상법에 의한 제3각법으로 투상도를 완성하시오.

☞ 화살표가 표시되어 있는 방향을 정면도로 하여 필요한 투상도만을 작성하시오.

☞ 모눈의 가로·세로 1칸을 각각 5mm로 간주하여 치수선과 치수보조선을 그리고 치수를 기입하시오.

■ 주의사항

☞ 은선과 외형선이 동일한 위치에 겹칠 때에는 선의 우선순위를 고려하여 한 개의 선은 생략하여야 한다.

6.5

좋은 도면과 나쁜 도면

작성된 도면은 제작자가 현장에서 제품의 생산을 위한 기준으로 사용하는 것이기 때문에 도면은 반드시 제작자의 입장을 고려하여 작성되어야만 이해하기 쉬운 도면이 된다.

(1) 주투상도의 선택법

주투상도라고 표현하는 것은 투상도 상에서 정면도를 의미하며 물체의 특징을 가장 잘 나타낼 수 있는 면을 말한다. 그림 6-5에서 볼 수 있는 바와 같이 자동차에 있어서 정면이라고 할 수 있는 부분은 그림의 (a)면을 지칭하는 것이 일반적이지만, 실제로 자동차의 형상이나 크기 및 특징을 잘 나타내는 부분은 (b)그림과 같은 측면 부분이다.

도면에서 일반적으로 정면이라고 말하는 면은 제품의 특징을 가장 잘 나타내는 면이 된다.

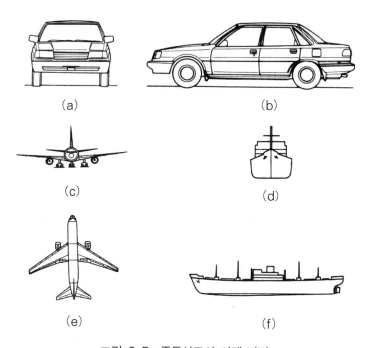

그림 6-5 주투상도의 선택 방법

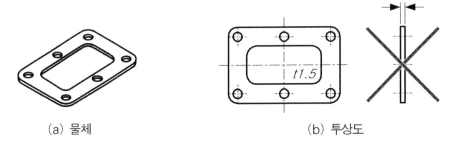

(a) 물체　　　　　　　　　　　　　　　(b) 투상도

그림 6-6　정면도만으로 표현이 가능한 경우

(2) 투상면의 선택 방법

　도면상에 정면도만으로 물체의 형상이나 치수를 완전히 표현하는 것이 곤란한 경우에 정면도에서 표현되지 못한 부분의 보충 설명을 위하여 다른 투상면을 활용하는 것이 일반적이다.

　그러나, 보충 설명을 위한 투상면의 개수는 가능한 범위 내에서 최소화시켜 도면을 복잡하게 하지 않는 것도 요령이다.

　예를 들면, 그림 6-6은 하나의 투상면만 있어도 가능한 경우의 도면 예를 나타낸 것이다. 그림과 같은 물체를 투상을 하는 경우에 정면도 상에 두께를 나타내는 기호인 [t]를 사용하여 치수를 표시하였기 때문에 별도의 우측면도를 표시할 필요가 없다.

　또한, 보충 설명을 위한 투상면은 가능한 한 은선의 사용을 최소화하는 것이 좋다. 도면의 작성시 투상면의 배치를 어떻게 하느냐 하는 기술적인 기법에 의해 은선의 사용을 최소화할 수 있다.

(3) 치수 기입법

　도면은 제도용지에 그려진 도형에 치수나 그 외의 설명 등과 같은 정보를 기입함으로써 완성이 된다. 따라서 도면에 치수를 기입할 때에는 정확해야 함은 물론 완전하게 하여야 한다. 또, 도면을 읽는 사람의 관점을 고려하여 읽기 쉽게 작성해야 하고 읽는 과정에서 오류가 발생하지 않도록 명확하게 작성하여야 한다.

　치수를 기입할 때, 숫자는 대상물의 크기를 표시하는 것으로 도면에 기입하는 치수는 대상물의 완성 치수를 나타내는 것이다. 단위는 mm를 사용하는 것을 원칙으로 하며 단위 기호는 생략한다.

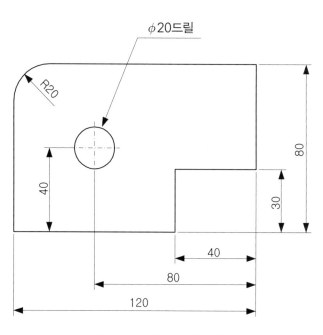

그림 6-7 치수의 기입 방법

치수를 기입할 때 소수점의 기입은 소수점의 자리수가 많은 수치의 경우에는 소수점 3자리마다 적당량의 자리를 띄우고 소수점의 사용 없이 기입하면 된다. 각도의 단위는 일반적으로 도[°]를 사용하고 필요한 경우에는 분[′]과 초[″]를 겸용한다.

치수는 그림 6-7과 같이 치수선, 치수보조선, 치수보조기호, 화살표 등을 사용하여 치수를 표시하는 숫자와 함께 나타낸다.

치수를 기입할 경우에는 다음의 원칙에 따라 기입한다.

① 대상물의 기능과 제작 및 조립 등을 고려하여 필요한 치수만을 명확하게 기입한다.
② 치수는 대상물의 크기와 자세 및 위치를 가장 명확하게 표시할 수 있도록 기입한다.
③ 도면에 나타내는 치수는 특별히 명시하지 않는 한 완성치수를 표시한다.
④ 기능상 필요한 경우에는 치수의 허용한계를 지시한다.
⑤ 치수는 가능한 범위 내에서 정면도에 집중하여 기입한다.
⑥ 치수는 중복 기입을 피한다.
⑦ 치수는 도면을 읽는 입장에서 계산할 필요가 없도록 기입한다.
⑧ 치수는 필요에 따라 기준으로 취할 점, 선 또는 면을 근거로 하여 기입한다.

⑨ 관련되는 치수는 가능하면 한 부분에 모아서 집중 기입한다.

⑩ 치수는 가능하면 공정마다 배열을 분리하여 기입한다.

⑪ 치수 중 참고치수는 치수 수치에 괄호를 붙인다.

제품의 형상이 구면임을 표시하고자 할 때에는 구의 지름 기호 [S∅] 또는 반지름 기호 [SR]을 치수 숫자 앞에 써서 나타낸다.

도면에서 표시하고자 하는 물체의 단면이 정사각형임을 나타낼 때에는 정사각형 기호 [□]를 변의 길이 숫자 앞에 써서 표시하는데, 도면에서 정사각형임이 명확하게 표현될 경우에는 생략 가능하다.

제 7 장

창의적인 공학설계의 예(2)

7.1 기존의 제품을 통한 아이디어의 도출

7.2 모듈 패키지의 개발

7.3 회로의 구성

7.4 제어용 프로그램의 구성

7.5 모듈 패키지의 완성

 학습목표

◉ 기존의 제품을 벤치마킹하여 새로운 개념의 아이디어를 도출해 내는 훈련을 통하여 다양한 형태의 아이디어를 도출할 수 있다.

◉ 도출된 아이디어를 활용하여 제품으로 완성시키는 과정에 대한 체계적인 이해를 통하여 공학적인 문제를 스스로 해결해 나갈 수 있다.

◉ 완성된 제품을 실제에 활용할 수 있는 응용 능력의 배양을 통하여 실무 중심적인 공학기술자로서의 사명감을 제고한다.

자동차의 속도에 감응하여 도어가 자동으로 잠기는 경우를 우리는 흔히 볼 수 있다. 이것을 우리는 오토 도어 록(Auto Door Lock) 기능이라고 하며, 일반적으로 시속 40km 이상의 속도가 되면 도어는 자동으로 잠기고 정차를 했을 경우에 수동으로 레버를 조작해야만 열린다.

이와같이 일상에서 볼 수 있는 제품을 중심으로 생각을 전환하여 아이디어를 도출해 보면 다양한 종류의 센서 패키지를 설계할 수 있을 것이다.

예를 들면, 자동차의 자동변속기에 장착된 변속 레버를 D 위치로 이동하면 도어가 자동으로 닫히고 P 위치에 레버를 두면 도어가 자동으로 열리는 경우는 어떨까?

또는 자동차가 주행을 하는 도중에 내가 원하는 속도에 도달하면 도어가 자동으로 잠기고 하차시에 자동차가 정지하면 자동으로 잠김이 해제되는 경우는 어떨까?

다른 예를 들어 보면, 일정 가격 이상의 자동차에서 볼 수 있는 경우이지만, 주행 중에 도로의 조도에 따라 자동으로 헤드램프가 점등과 소등이 되는 기능을 가진 오토 램프 스위치(Auto Lamp Switch)를 장착한 경우를 볼 수 있다.

내 차에는 없는 옵션 사양이지만 동일한 기능을 부가할 수는 없을까? 아니면 좀 더 다른 방향으로 창의적인 아이디어를 가미하여 자동차가 주행을 하면 헤드램프가 자동으로 점등되고 정지하면 자동으로 소등되는 경우는 어떨까?

자동차 메이커에서 출고되는 시점에 자동차의 판매 가격이나 고객의 요청에 따라 옵션으로 장착하여 기능이 부가된 경우를 사전 시장(Before Market) 제품이라 하고, 출고 후에 소유자의 판단에 따라 외부에서 기능을 부가하는 경우를 사후 시장(After Market) 제품이라고 말한다.

비록 자동차가 출고되는 시점에는 없는 기능일지라도 사용자가 다양한 아이디어를 도출하고 이를 상용화하여 보는 것도 의미가 있는 일이라고 할 수 있다.

위에서 열거한 두 가지 종류의 기능을 합하여 하나의 모듈 패키지로 만들 수는 없을까?

이 장에서는 제5장에서 다룬 바 있는 창의적인 공학 설계의 예(1)에 이어 좀 더 공학적인 기술이 필요한 내용에 대하여 다루어 보기로 한다. 비록 이 교과가 상대적으로 공학계열의 저학년이 이수하는 과목이기 때문에 다소의 어려움이 예상될 수 있겠지만, 인터넷을 통한 정보의 검색과 관련 학과의 도움을 받는다면 무리 없이 진행이 가능할 것으로 판단되며, 이를 통해 공학설계의 흥미로움을 느껴 보기 바란다.

7.2 모듈 패키지의 개발

이 장에서는 위에서 열거한 두 가지의 기능 즉, 오토 도어 록 기능과 오토 헤드램프 기능을 하나로 뭉친 모듈 패키지를 개발하는 과정을 살펴보자.

그림 7-1은 각각의 기능을 가지고 있는 두 종류의 모듈의 예를 나타낸 사진이다. 이러한 기능을 가진 모듈은 현재 사후 시장에서 구입할 수 있는 제품이다. 창의적인 아이디어는 백지 상태에서 쉽게 도출할 수가 없다. 기존의 제품들을 중심으로 살펴 본 제2장의 창의적인 사고능력의 배양 내용을 참고하여 반복적인 훈련을 한다면 생각의 전환을 이루어 낼 수 있을 것이다.

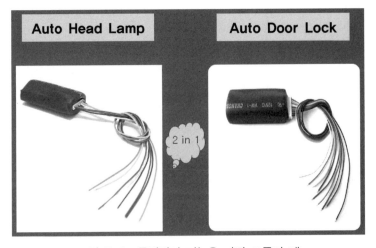

그림 7-1 독립적인 기능을 가진 모듈의 예

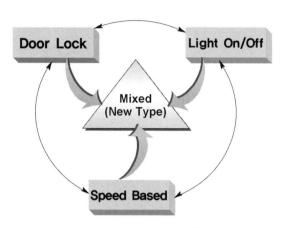

그림 7-2 기능의 통합

도어 록과 헤드라이트의 On/Off 제어의 개념은 이제 기본적인 이해를 하였을 것이다. 그러면, 이 두 가지의 기능은 무엇을 근거로 하여 제어를 할 것인가에 대하여 생각해 보자. 다양한 생각들을 할 수 있을 것이다.

앞에서 예를 들어 설명한 바와 같이 변속기의 레버를 특정 위치에 두었을 경우에 각각의 기능이 동작을 하는 경우도 생각할 수 있을 것이고, 자동차의 시동을 거는 경우를 기준으로 할 수도 있을 것이고, 자동차의 속도를 기준으로 하는 경우 등과 같이 생각을 하면 할수록 많은 창의적인 아이디어를 도출할 수 있을 것이다.

어떠한 경우도 유일한 정답은 없다. 창의적인 설계 과정에서는 다양한 해가 존재할 수 있다. 다만, 어떠한 해를 선택하는 경우에 고객들의 선호도가 높을 수 있을 것인가 하는 점은 서로 다를 수 있다. 따라서 고객의 입장에서 설계를 해야 한다는 이유가 바로 여기에 있는 것이다.

여기에서는 그림 7-2에서 보는 바와 같이 자동차의 속도를 기준으로 하여 두 가지의 기능을 제어하는 해를 선택하여 과제를 진행해 보자.

물론, 이 외에도 자동차에서 필요한 각각의 기능들을 생각해 보면 엄청난 양의 아이디어들을 찾아낼 수 있을 것이다.

그림 7-3은 개발 가능 아이템의 예를 나타낸 것이다. 무궁무진한 생각들을 많이 해보자. 이것이 곧 창의적인 것이 된다. 이 장에서 자동차를 근거로 하여 설명을 하는 것은 전공에 무관하게 누구나 쉽게 접촉할 수 있는 산업 영역이기 때문이며, 일상에서 쉽게 응용 가능한 이유 때문이다.

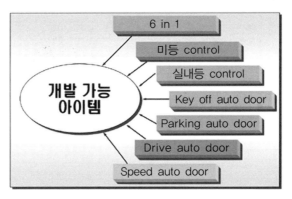

그림 7-3 개발 가능 아이템의 예

7.3 회로의 구성

전자회로는 반도체 소자로 구성된 회로의 설계방법과 해석방법을 다루는 공학 분야의 기초가 되는 학문이다. 전자회로에 대한 이해를 보다 쉽게 하기 위해서는 다이오드와 트랜지스터 등의 반도체 소자에 대한 전기적 특성과 회로이론에 대한 지식이 필요하다. 해당 내용에 대한 설명을 이 장에서 모두 표현할 수는 없는 상황이며, 필요시 관련 분야에 대한 학습을 권장하고 여기에서는 회로의 실제 예를 제시한다.

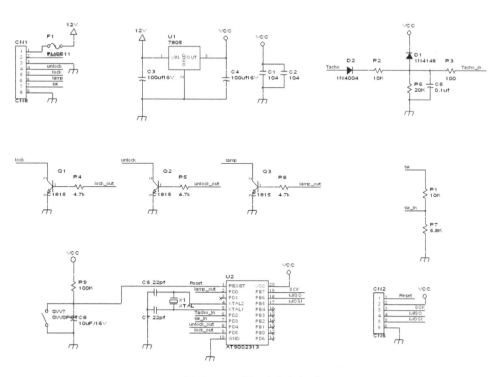

그림 7-4 모듈 패키지의 회로

　제시한 회로도를 이용하여 모듈 패키지의 구현을 위한 회로에 사용된 부품 리스트를 작성하면 표 7-1과 같고, 그림 7-5는 회로도에 적용된 실제의 부품들을 나타낸 사진이다.

　부품 리스트를 참고하여 부품의 용도와 기능에 대한 학습을 하고, 부품을 구입하여 브레드 보드나 인쇄된 기판을 이용하여 부품을 배치하고 납땜을 하여 회로도를 구성하여 보자.

표 7-1 사용된 부품 리스트

부 품 명	규 격	수 량	비고(실물 사진)
정전압 IC	7805	1	
IC	ATiny2313	1	

IC 소켓	20P	1	
콘덴서	100μF 16V	2	
콘덴서	10μF 16V	1	
콘덴서	0.1μF	2	
콘덴서	22pF	2	
크리스탈	8MHz	1	
트랜지스터	C1815	3	
저항	10kΩ	2	
저항	100Ω	1	
저항	4.7kΩ	3	
저항	6.8kΩ	1	
저항	100kΩ	1	
저항	20kΩ	1	
스위치	yst-1101	1	
다이오드	1N4004	1	
다이오드	1N4148	1	

lock connector	8P	1	
lock connector	6P	1	
퓨즈 홀더	22㎜	1	
퓨즈	2A	1	
헤더라이터용 릴레이	15A	1	
기판	설계 사양	1	

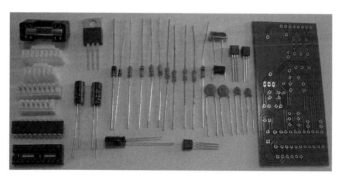

그림 7-5 회로에 적용된 부품 사진

회로가 완성되고 회로도에 대한 테스트가 끝나면, 기판을 제작한다. 물론, 이때 기판이 1~2장 정도 필요한 경우라면, 만능기판을 이용하여 직접 제작할 수도 있지만, 많은 양이 필요한 경우에는 전문 업체를 통하여 인쇄회로 기판을 제작할 수 있다.

PCB는 Printed Circuit Board의 약어이며 인쇄회로기판을 말하는데, 여러 종류의 많은 부품을 페놀 수지 또는 에폭시 수지로 된 평판위에 밀집 탑재하고, 각 부품을 연결하는 회로를 수지평판의 표면에 밀집 단축하여 고정시킨 회로기판이다. PCB는 페놀수지 절연판 또는 에폭시 수지 절연판 등의 한쪽 면에 구리 등의 박판을 부착시킨 다음, 회로의 배선패턴에 따라 선상의 회로만 남기고 부식을 시켜 필요한 회로를 구성하고 부품들을 부착 탑재시키기 위한 구멍을 뚫어서 가공한다.

배선회로면의 수에 따라 단면기판, 양면기판, 다층기판 등으로 분류되며 층수가 많을 수록 고정밀 제품에 적용된다. 단면 PCB는 주로 페놀원판을 기판으로 사용하며 라디오, 전화기, 간단한 계측기 등과 같이 회로의 구성이 비교적 복잡하지 않은 제품에 적용된다. 양면 PCB는 주로 에폭시 수지로 만든 원판을 사용하며 컬러TV, VTR, 팩시밀리 등과 같이 비교적 회로가 복잡한 제품에 사용된다. 또한, 휴대폰이나 캠코더 등과 같이 회로판이 움직여야 하는 경우와 부품의 구성시에 회로기판의 굴곡을 요하는 경우에는 유연성으로 대응할 수 있도록 만든 유연성기판(Flexible PCB)을 사용하기도 한다.

회로도를 작성하고 검토가 끝난 경우에는 인쇄회로기판을 제작하기 위한 수단으로 아트웍(Artwork) 작업을 한다. 아트웍이란 인쇄회로기판의 제작을 위한 레이아웃 작업을 지칭하는 것으로 전자 캐드 전용 프로그램을 이용하여 그림 7-6과 같이 아트웍을 한 다음에 PCB 제작 전용 장비에서 그림 7-7과 같은 거버 파일로 변환시켜 그림 7-8과 같은 인쇄회로기판 전용 가공기로 인쇄회로기판의 가공을 한다.

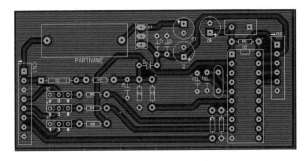

그림 7-6 전자회로의 아트웍

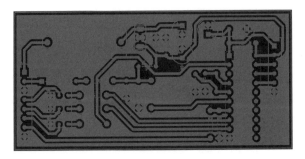

그림 7-7 가공을 위한 거버 파일 변환

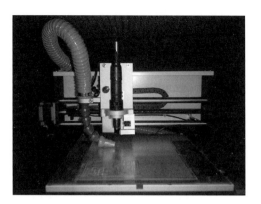

그림 7-8 인쇄회로기판 전용 가공기

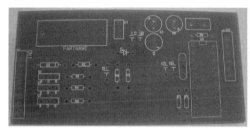
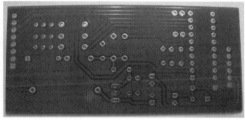

(a) Top Side　　　　　　(b) Bottom Side

그림 7-9 제작된 인쇄회로기판의 양면

　이상에서 살펴본 바와 같이 공학설계자가 구상한 아이디어를 구체화시키기 위하여 전자회로를 설계하고 설계된 회로의 테스트 과정을 거치는 과정과 완성된 회로를 인쇄회로기판으로 만들기 위한 각각의 과정을 알아보았다.

　그림 7-9는 이러한 과정을 거쳐 완성된 인쇄회로기판의 예를 나타낸 것이다. 이 회로의 경우는 비교적 단순한 내용이기 때문에 단면 **PCB**로 제작하여도 충분하다.

　그림 7-10은 인쇄회로기판에 전자 부품을 실제 배치한 상태를 나타낸 사진이고, 그림 7-11은 인쇄회로기판에 배치된 전자 부품을 납땜한 경우의 예를 나타낸 것이다.

그림 7-10 전자 부품의 배치

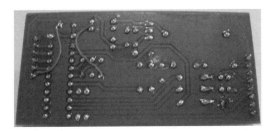

그림 7-11 전자 부품의 납땜

7.4 제어용 프로그램의 구성

이제 완성된 전자회로 기판에 생명력을 부여해 보자. 이를 위해서는 프로그램이 필요하다. 즉, 시스템 전체의 동작 상태를 감시하고 프로그램의 실행 과정을 지시하며 다음에 실행할 프로그램을 준비하는 역할을 맡은 프로그램이 필요하다는 의미이다.

프로그램 개발용 언어는 다양한 종류가 있지만, 여기서는 현재 일반적으로 사용되고 있는 C 언어를 이용하여 프로그램을 한 결과를 제시한다.

C 언어란 고급 언어이면서도 저급 언어가 가지는 장점인 하드웨어의 제어도 가능하므로 널리 사용되고 있으며 시스템 프로그래밍을 하기에 적합한 언어이다. 또한, 다양한 연산자가 제공되기 때문에 연산에 대한 표현이 비교적 자유롭고 프로그래밍을 위한 규칙이 까다롭지 않아 프로그래머가 프로그램을 작성하기에 편리한 것으로 알려져 있다.

프로그램도 유일한 정답보다는 다양한 해가 존재하는 부분이다. 여기에서 제시하는 프로그램과 각 행에 대한 간단한 주석을 참고하여 전공별 관련 후수 교과목의 이수를 통하여 프로그래밍 능력을 키우기 바란다.

그림 7-12는 프로그래밍을 위한 순서도를 나타낸 것이다. 순서도(Flow Chart)란 컴퓨터로 처리하고자 하는 문제를 분석하고 그 처리 순서를 단계화하여, 상호 간의 관계를 알기 쉽게 약속된 기호와 도형을 써서 나타낸 그림을 말한다. 플로 차트의 이점은 문제를 포괄적으로 나타내는 일람성과 특정기호 사용에 의한 표현의 일정성과 간결성 및 명세성 등을 들 수 있다.

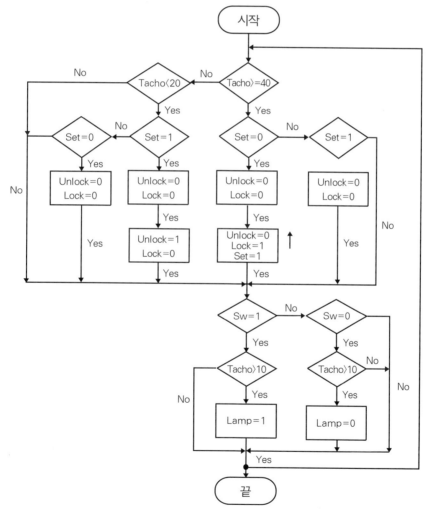

그림 7-12 프로그래밍을 위한 순서도

////////////////////////// **door lock and head lamp control** //////////////////////////

```
#include <iotiny2313.h>
```
// ATiny2313 함수들이 정의 되어 있
는 헤더 파일

```
#include<ina90.h>
```
// 인터럽트 함수들이 정의되어 있는
헤더 파일

```
#define    unlock       PORTD_Bit4
```
// door unlock 신호를 보내는
PORTD_Bit4을 unlock으로 선언

```
#define    lock         PORTD_Bit5
```
// door lock 신호를 보내는 PORTD_
Bit3을 lock으로 선언

```
#define    sw           PIND_Bit3
```
// 미등 sw 신호를 받는
PIND_Bit3를 sw로 선언

```
#define    lamp         PORTD_Bit0
```
// 미등의 동작신호를 보내는
PORTD_Bit0을 lamp로 선언

```
char set=0;
```
// door lock 신호가 한번만 동작되도
록 하는 변수

```
int time_count=0,tacho=0,tacho_buf=0;
```
// tacho signal을 받기 위한 변수

```
void port_set(void)
{
   DDRD=0x31;
}
```
// PORTD setting

```
void interrupt_set(void)
{
   MCUCR=0x02;
   GIMSK=0x40;
}
```
// interrupt setting

```
void timer_set(void)                        // timer setting
{
    TCCR0B=0x05;                            // clk/1024
    TCNT0=0xff-8;                           // 1msec
    TIMSK=0x02;                             // TOIE0

    TIFR|=0x02;                             // TOV0
}
```

//////////////////////////// **door signal out** ////////////////////////////

```
void door(void)
{
    if(tacho>=40)                           // 40km/h 이상일 때 실행
    {
        if(set==1)                          // 1회 동작이후에 unlock과
                                            //    lock을 대기 상태로 만듦

        {
            unlock=0;                       // unlock 대기 상태
            lock=0;                         // lock 대기 상태
        }

        if(set==0)                          // 반복동작인지 체크하고 처음 동작
                                            //    일 때 실행
                                            //    (0일 때 실행)

        {
        unlock=0;                           // unlock 대기 상태 set
        unlock=0;                           // unlock 대기 상태 set
        unlock=0;                           // unlock 대기 상태 set
        lock=0;                             // lock 대기 상태 set
```

```
    lock=0;                          // lock 대기 상태 set
    lock=0;                          // lock 대기 상태 set
    lock=1;                          // door lock 동작
    set=1;                           // 한번 동작하기 위한 setting
    }
  }
if(tacho<20)                         // 20km 미만일 때 실행
{
  if(set==0)                         // 한번 동작 이후에 unlock과 lock을
                                     //   대기 상태로 만듦

  {
    unlock=0;                        // unlock 대기 상태 set
    lock=0;                          // lock 대기 상태 set
  }
  if(set==1)                         // 반복 동작인지 체크하고 처음 동
                                     //   작일 때 실행
                                     //   (1일 때 실행)

  {
  lock=0;                            // lock 대기 상태 set
  lock=0;                            // lock 대기 상태 set
  lock=0;                            // lock 대기 상태 set
  unlock=0;                          // unlock 대기 상태 set
  unlock=0;                          // unlock 대기 상태 set
  unlock=0;                          // unlock 대기 상태 set
  unlock=1;                          // door lock 해지
  set=0;                             // 한번 동작하기 위한 setting
  }
 }
}
```

///////////////////////////////// **lamp out signal** /////////////////////////////////

```
void lamp_out(void)
{
    if(sw==0)                              // 미등 s/w 신호가 0일때 실행
    {
        if(tacho<11)                       // 11 km/h 미만일 때 실행
        {
            lamp=0;                        // 미등 off
        }
        else if(tacho>10)                  // 10 km/h 초과일 때 실행
        {
            lamp=1;                        // 미등 on
        }
    }
}
```

//

```
void main(void)

{
    port_set();                            // PORT setting 실행
    interrupt_set();                       // interrupt setting 실행
    timer_set();                           // timer setting 실행
    _SEI();                                // interrupt 사용 위한 함수
    while(1)                               // 무한 루틴
    {

    }
}
```

```
#pragma vector=TIMER0_OVF0_vec              // timer interrupt 1msec 마다 실행
__interrupt void TIMER0_OVF0_interrupt(void)

{
    TCNT0=0xff-8;   //1msec;                 // timer 초기화
    time_count++;                           // tacho 측정을 위한 counter

    if(time_count==977)                     // 0.977sec 마다 실행
    {
        time_count=0;                       // time_count Reset
        tacho=tacho_buf;                    // tacho 측정 값
        tacho_buf=0;                        // tacho_buf Reset
        unlock=0;                           // unlock 대기 상태
        lock=0;                             // lock 대기 상태
        tacho=tacho+10;                     // 오차 보정

        door();                             // door 루틴 실행
        lamp_out();                         // lamp_out 루틴 실행
    }
}



#pragma vector=INT0_vect                    // tacho Encoder
__interrupt void INT0_interrrupt(void)

{
    tacho_buf++;                            // tacho 측정을 위한 counter
}
```

이상과 같은 프로그램 소스를 그림 7-12의 순서도와 비교하면서 프로그램의 원리를
이해하여 보기를 희망한다. 프로그램에서 // 이후에 제시한 문장은 프로그램을 구성하
고 있는 각 행에 대한 기본적인 설명을 주석으로 나타낸 것이다. 프로그램이 완성되면
디버깅을 하고 롬라이터(ROM Writer) 등을 이용하여 프로그램을 IC에 다운로드하면

된다. 롬라이터란 롬이나 플레시롬 및 원칩의 내부롬 등에 BIN, HEX 파일을 쓰기 위한 장비를 말한다.

7.5 모듈 패키지의 완성

지금까지의 과정을 살펴보자. 회로도를 구성하고 개발된 회로도의 검증을 거쳐 인쇄회로기판의 제작 과정을 확인하였다.

완성된 인쇄회로기판에 해당 전자 부품을 배치하고 납땜을 하여 제품을 완성하였고, 순서도에 따라 C 언어를 이용하여 프로그램을 작성하였다.

작성된 프로그램은 롬라이터를 사용하여 원칩에 다운로드하여 모듈 패키지를 완성하였다. 그림 7-13은 완성된 모듈 패키지를 나타낸 사진이다.

그림 7-14는 완성된 모듈 패키지를 자동차에 장착하기 위하여 작성한 모듈 패키지의 핀 맵(Pin Map)을 나타낸 것이다.

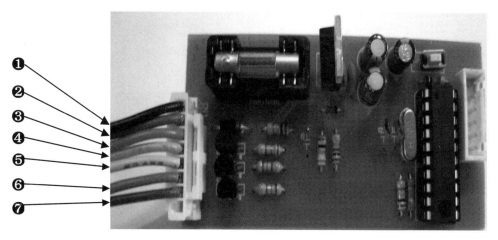

그림 7-13 완성된 패키지 모듈

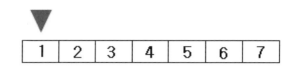

1	2	3	4	5	6	7

핀번호	입출력 신호	기 능	배선색
1	12V(on) In	전원	
2	Tacho Signal In	차속정보	
3	GND	접지	
4	Unlock Signal Out	도어 록 릴레이 제어	
5	Lock Signal Out	도어 록 릴레이 제어	
6	Lamp Signal Out	전조등(Low Lamp)	
7	SW Signal In	전조등(Low Lamp) 스위치 제어	

그림 7-14 모듈 패키지의 핀 맵

그림 7-14와 같은 핀 맵을 참고로 하여 실제 자동차에 장착하여 기능을 확인하여 보자. 여기에서는 차종별 적용 방법을 모두 표현할 수 없기 때문에 가장 많이 보급되어 있는 차종이라고 판단되는 아반테 XD의 경우를 제시한다.

그림 7-15에서 볼 수 있는 바와 같이 도어 록 기능과 오토 헤드램프 기능을 수행하기 위한 요소는 전조등 릴레이, 도어 록 릴레이, 다기능 스위치, 차속센서 등이 필요함을 알 수 있다.

즉, 배터리의 전원을 1번(+12V)과 3번(-) 핀에 연결하고 자동차의 주행속도를 차속센서로부터 입력을 받아 2번 단자에 연결한다. 자동차의 다기능 스위치에 7번 단자를 연결한 상태에서 출력 요소인 4번, 5번, 6번 단자를 도어 록 릴레이의 4번과 5번 단자와 추가로 설치한 전조등 릴레이의 3번 단자에 각각 연결하면 된다. 추가로 설치하는 헤드램프 릴레이는 기존의 헤드램프 릴레이의 2번 단자와 헤드램프 전원선 사이의 연결하면 된다. 이때 배선을 그림에서 나타낸 점선 모양과 같이 끊고 연결해 주면 된다.

※ 아반테 XD 설치방법

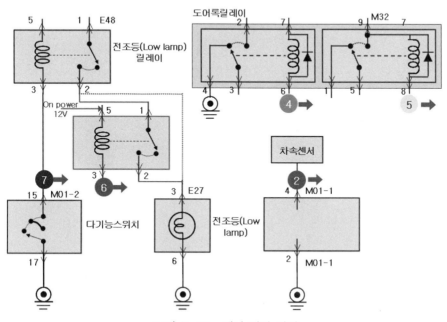

그림 7-15 배선 연결 방법

제8장

사업계획서의 작성

8.1 사업계획서의 기능

8.2 사업계획서의 체계

8.3 창업계획서의 예시

8.4 창업계획서의 작성 실습

 학습목표

◉ 사업계획서가 무엇인지에 대한 이해를 통하여 공학을 전공한 출신자들이 창업분야로의 진출에 대한 이해와 사업에 대한 관심을 제고시킨다.

◉ 사업계획서의 기능과 체계를 이해하고 관찰자적인 측면에서 타인이 작성한 사업계획서를 검토할 수 있는 능력을 배양한다.

◉ 실무 중심의 공학설계 교육을 통하여 사업계획서의 개념을 이해한 후, 타인이 작성한 창업 계획서의 예시를 검토하는 과정에서 습득한 개인의 지식과 기능을 이용하여 스스로 창업계 획서를 작성할 수 있는 능력을 배양한다.

8.1 사업계획서의 기능

사업계획서의 작성은 공학설계의 개념을 이해함에 있어 매우 중요한 요소 중의 하나이다. 어떤 측면에서는 공학을 설계하는 사람에게 있어서 사업계획서를 작성하는 것이 무슨 의미가 있겠느냐고 반문을 할 수도 있겠지만 분명한 것은 사업계획서도 설계의 범위에 포함되어야 한다는 것이다.

일반적으로 사업계획서란 계획한 사업의 추진방향과 성공적인 목표 달성을 위하여 어떠한 절차와 수단을 이용하여 사업을 진행해 나갈 것인가를 표현하는 것으로 성공의 여부를 결정하는 매우 중요한 문서이기 때문에 구체적인 사업내용과 세부일정계획 등을 명확하게 기록하여야 한다.

사업계획서는 사업자가 영위하고자 하는 특정 사업의 내용과 목표에 대해 타당성과 전망을 객관적, 정량적으로 분석하고, 이의 성공적 달성을 위해 동원해야 할 경영자원 등과 같은 부분의 조달계획과 일정계획을 제시한 사업 설계도라 할 수 있기 때문이다.

창업을 추진함에 있어서 사업계획서란 신축 건물을 지을 때 필요한 설계도면과 건축일정 등을 수립하는 것과 동일한 내용이며, 아무리 훌륭한 사업아이디어를 갖고 있다 할지라도 실행계획이 구체적이지 못하면 성공하기 어려울 뿐만 아니라, 제3자로부터 해당 사업에 대한 중요성과 가치를 인정받지 못한다.

최근 정부에서도 각종 금융기관이나 투자기관들을 통해 중소기업을 위한 금융지원의 폭을 점진적으로 넓히고 있으며, 기술개발자금도 매년 증액하여 지원하고 있는 실정이기 때문에 정확하고 객관적인 사업계획서의 확보는 매우 중요한 과업이다.

사업계획서가 수행하는 내적인 기능은 창업자 또는 기업내부의 관리목적에 적용하는 기능을 말하며, 외적기능은 창업 자본을 제공하는 외부투자자들에게 투자의사결정에 참고할 정보를 제공하는 기능 또는 각종의 사업 참여시에 평가를 위하여 사용되어지는 기능이다.

(1) 계획 서류로서의 내적기능

사업성에 대한 검토가 끝난 상태라 할지라도 사업계획서를 작성하는 과정에서 마케팅과 재무 및 운영업무 전반에 걸쳐 기업의 모든 측면을 사전에 검토하는 기능을 갖고 있기 때문에 사업의 성공가능성을 다시 점검할 수 있으며, 계획하고 있는 사업의 강점과 약점을 재인식할 수 있는 기회를 제공한다.

따라서, 기업 내부의 구체적인 환경요인에 대한 분석을 통하여 강점(Strength)과 약점(Weakness), 기회(Opportunity)와 위협(Threat) 요인을 내부적으로 규정하고 이를 토대로 해당사업의 성공적인 수행을 위한 마케팅 전략을 수립할 수 있다.

사업이 시작되면 처리해야 할 업무가 많아지고 예측하지 못한 업무 상호간의 갈등요소가 발생될 수 있기 때문에 일반적으로 시간이 부족하여 정확한 판단이 결여된 상태에서 많은 시행착오를 겪을 수 있는데, 사업계획서는 이러한 문제를 미연에 방지할 수 있다.

(2) 외적인 기능

창업의 인가와 허가업무를 담당하는 관공서 및 기관에게 사업의 목적과 계획 사업의 경제적, 사회적 기여도 및 사업장의 위치와 환경문제 등에 관한 정보를 제공한다.

또한, 원자재 공급업자와 판매업자 및 예비종업원 등에게 사업의 목적, 제품아이디어 및 제품의 성능, 관리 능력 및 방식, 자금조달능력, 성장계획 등에 관한 정보를 제공해 줄 수 있기 때문에 기업에 대한 이해와 거래를 유인하는 기능을 수행하기도 한다.

은행, 창업투자회사, 창업자금 지원기관 등에게 제품 아이디어, 업계 동향, 수요 추세, 경쟁 상태, 소요 자금, 경영진의 경영 능력 등에 관한 정보를 제공해 줌으로써 투자 의사 결정에 활용할 수 있다.

(3) 체계적인 창업 준비과정

창업 준비과정에서 공사 일정이 지연된다거나 창업 시기에 맞추려고 무리하게 추진하는 과정에서 예산에도 반영되지 않은 비용이 드는 경우가 많다. 따라서 창업자는 사전에 생길 수 있는 모든 문제점을 파악하고 사업계획서를 작성해 순서에 의한 체계적인 창업을 추진할 필요가 있다.

창업을 하는 과정에서 계획사업의 효율적 추진을 위해 도움을 줄 배우자, 동업자, 금융기관, 일반고객 등에게 자신의 사업을 설명하고 홍보하는 과정에 타인을 이해시키기 위한 자료로 활용될 수 있는데, 구두로 하는 것 보다는 사업계획서와 명료한 발표 자료를 준비하는 것이 훨씬 설득력이 있다.

사업계획서를 작성하는 과정에서 창업가는 사업에 관한 여러 가지를 살펴보게 되며, 성공 가능성, 위험 부담, 시장조건 등을 객관적으로 빠뜨리지 않고 살펴볼 수 있는 기회가 되므로 실패 위험을 줄일 수 있다.

8.2 사업계획서의 체계

(1) 요약 및 순서

요약은 사업계획서의 가장 중요한 부분으로 벤처 자본가를 포함한 이해 당사자는 이 부분을 보고 전체적인 내용을 검토할 것인지 아닌지를 판단할 정도로 중요하다. 즉, 벤처 자본가나 자문에 응하는 사람은 대부분 주어진 모든 서류를 읽을 시간이나 의지가 충분하지 않다는 점을 고려할 때, 요약부분에서 제3자에게 호감을 줄 수 없다면 아쉬움을 남길 수 밖에 없다.

요약에서는 사업에 대한 기본적인 스케치가 있어야 하고 계획서의 핵심이 강조되어야 할 뿐 아니라 목차의 큰 제목에 해당하는 부분을 압축 제시해 주어야 한다.

사업에서 제시하고 있는 아이템의 어떤 점이 기존의 제품과 차별화되는 것인지에 대하여 명확하게 제시하여야 한다.

요약부분에서 구체적으로 설명할 필요는 없다. 다만, 사업계획서를 읽는 사람이 요약에 흥미를 느껴 구체적으로 설명된 뒷부분을 계속적으로 읽을 수 있도록만 한다면 성공이다.

목차는 한 장 한 장 자세히 살펴기보다는 관심이 있는 부분을 건너뛰며 읽을 수 있도록 읽을 대상에게 편리를 제공하기 위하여 필요한 부분이다.

대부분의 투자 예상자들은 창업을 준비하는 인적 자원에 관한 부분을 먼저 확인하려고 할 것이다. 창업을 준비하는 사람들이 어떤 사람이며, 사업을 하려는 아이템과 관련하여 어떤 일을 해 왔으며 어떤 자격을 갖추었는지를 궁금해 할 것이기 때문이다.

그 이후에 기술에 관한 부분, 시장성, 마케팅 전략, 투자자금의 회수 가능성 등을 중점적으로 검토할 것이다.

(2) 회사의 소개와 조직

회사에 관한 일반적인 사항을 소개하는 부분으로 아래와 같은 내용은 반드시 포함되어야 한다.

- 회사 개요(기업의 명칭 및 형태, 설립 예정지역, 주요 생산품 등)
- 회사 연혁(창업 동기 및 사업의 기대효과)
- 조직 기구도(기술개발 조직, 관리 조직, 생산 조직 등)
- 주주 현황(이사와 감사의 구성 및 실권 주주 현황 등)
- 경영진 및 기술진
- 금융 현황
- 조업 현황(가동률, 생산성, 부가가치율 등)
- 기업 현황(기술 개발실적, 기술인력, 국내외 기술수준, 기술제휴 현황 등)
- 기타(차입금, 담보 내용, 담보 능력, 거래은행, 재무상태, 대출 금리 등)

회사의 소개와 조직 항목을 검토할 때, 투자자 및 사업계획서를 읽는 이해 당사자는 경영자의 인성, 통찰력, 예측능력, 사업 교섭력, 위기 대응력, 조직관리 능력 등을 파악하며, 경영자를 포함한 경영진의 능력 및 재력에도 관심을 갖는다. 또한 여기에는 창업자 또는 투자자들의 주식 배분, 지분의 변화과정, 주식의 종류(보통주, 우선주) 등을 명시하고, 사업 실행이후의 회사 발전 전망을 소개함과 동시에 추가 자본이 필요한 이유를 명확하게 제시하여 설득할 수 있어야 한다.

(3) 해당 사업의 분석

사업을 준비하는 사람이 유능하고 훌륭한 경험을 갖고 있다 하더라도 생산하는 제품이나 서비스의 시장 전망이 좋지 않으면 좋은 성과를 기대하기 힘들다. 특히 벤처기업을 창업하는 경우에는 일반적으로 엔지니어 출신인 경우가 많은데, 이런 경우에는 창업자가 비전공분야인 마케팅 분석을 어떻게 하고 있느냐 하는 부분이 투자자들에게 있어서는 중요한 관심대상이다.

시장분석이란 창업을 준비하는 사람들에게 있어서는 새로운 도전을 요구하는 부분이기 때문에, 시장분석을 할 경우에는 외부의 전문가에게 자문을 구하거나, 신문이나 잡지 또는 서적, 인터넷 등을 충분히 활용하여 자료를 구하고 분석하여 구체적인 정량적 자료를 구축하여야만 한다.

① 창업하고자 하는 사업의 분석

어떤 산업인가? 기존의 시장과는 어떤 차별화가 가능한가? 현재 이 산업의 시장 규모는 얼마인가? 5년 후, 10년 후에는 규모가 얼마나 될까? 이 산업의 가장 중요한 특성은 어떤 것인가? 누가 해당분야의 산업에서 중요한 소비자인가? 새로 생산될 제품이나 서비스가 적용되거나 이용될 주요 분야는 어떤 것이 있는가? 산업의 변화추세는 어떤가? 사업에 영향을 줄 산업의 내적 외적인 변화는 어떤 것이 일어나고 있는가? 등과 같은 다양한 분석을 통하여 창업하고자 하는 사업에 대한 명확성을 제시할 수 있어야 한다.

② 목표 시장

창업을 할 때는 넓은 소비자 계층을 대상으로 하지 않고 특수하면서도 확실한 소비자들을 대상으로 하는 것이 유리하다.

새로운 회사가 뚫고 들어가야 할 시장은 어떤 것인가? 즉, 어떤 소비자 그룹을 대상으로 제품을 만들고 마케팅 전략을 세워야 할 것인가?

이러한 내용은 아래와 같은 질문을 보면 이해가 될 것이다. 누가 이 제품을 구입하겠는가? 소비자는 왜 다른 제품을 사지 않고 무엇 때문에 이 제품을 구입할 것인가? 경쟁자들은 어떻게 할 것인가? 등과 같은 계획제품의 시장침투 가능성 및 수요전망을 목표시장 항목에서는 제시할 수 있어야 한다.

③ 소비자 분석

어떠한 분야의 창업이든 사업의 성패는 결국 소비자들의 반응에 달려 있기 때문에 투자자를 포함한 모든 사람들은 소비자들의 반응에 관심이 있을 수 밖에 없다. 따라서 수요 계층과 소득 계층은 물론, 선호 연령층 등과 같은 소비자에 대한 일반적인 분석과 함께 수요예측과 그러한 수요예측의 근거를 제품별로 명확하게 정량적으로 제시를 하여 상대에게 신뢰를 주어야 한다.

④ 경쟁자 분석

어떤 산업은 경쟁이 치열하거나 경쟁회사가 너무 강력하여 도저히 승산이 없다고 판단하는 분야도 있을 수 있다.

기본적으로 해당 업계의 현황 및 경쟁제품을 자신의 회사 제품과 비교하여 장점과 단점을 분석해야 하고, 진출하고자 하는 업계의 경쟁강도 또한 면밀하게 분석해야만 한다.

또한, 창업 후에 자기 회사의 제품이 소비자들로부터 인기를 얻을 경우에 대기업이 뛰어들 가능성은 얼마나 있겠는가? 기존의 경쟁업체들 사이에 끼어들기 위해 또는 새로운 경쟁자가 나타났을 때, 경쟁자보다 우위에 서기 위한 수단으로 확보하고 있는 차별화된 색다른 무엇을 가지고 있는가? 등과 같은 시장의 동적인 특성에 대한 대책을 확보하고 있어야 한다. 무수한 경쟁자와 소비자들의 동향에 대한 통찰력과 예측능력을 갖고, 사업 교섭력과 위기 대응력을 키울 수 있도록 항상 시장의 동향과 신기술 동향을 주시해야 한다.

(4) 마케팅 전략

마케팅 전략은 사업화하고자 하는 자사의 제품이나 서비스가 어떠한 것인가에 따라 달라지기 때문에 4P(Product, Price, Promote, Place)의 측면을 모두 고려하여 효과적인 마케팅 전략을 수립하고 구사하여야만 사업의 성공을 기대할 수 있으므로 해당 전략에 대한 확실한 자료를 확보하여야 한다.

마케팅의 성공적인 활동을 위한 전략의 기본단계로서 STP분석(Segmentation ; 시장세분화 → Targeting ; 표적시장 선정 → Positioning ; 포지셔닝)이 갖는 의미는 더욱 중요해지고 있기 때문에, 포지셔닝에 따른 세부적인 프로그램들이 준비되어야 하는데 이와 같은 세부적 프로그램들을 통칭하여 마케팅 믹스라 한다.

① 제품 관리(Product Management)

제품은 마케팅 믹스의 첫 번째이자 가장 중요한 요소이다. 제품전략은 제품 믹스, 브랜드, 포장 등에 대한 종합적 의사결정을 말한다.

제품이란 고객의 욕구를 충족시키기 위해 시장에 제공되는 것은 모두 해당된다. 시장에 출시되는 제품에는 자동차나 책과 같은 유형 제품, 콘서트와 같은 서비스, 사람, 제주도와 같은 장소, 가족계획, 안전운전과 같은 아이디어가 모두 포함된다.

한편, 제품을 여러 가지 기준에 따라 분류하면, 내구성을 기준으로 내구성 제품과 비내구성 제품, 서비스와 소비용품을 기준으로 편의품, 선매품, 전문품 등으로, 산업용품을 기준으로 재료 및 부품, 비지니스 서비스 등으로 구분할 수 있다.

② 가격관리(Price Management)

가격은 마케팅의 4P 중에서 다른 마케팅 요소인 제품, 유통, 촉진에 비해 그 효과가 단기간 내에 뚜렷하게 나타나는 특징을 갖고 있어 다른 마케팅 요소에 비해 자주 활용되는 요소이다.

최근 마케팅에서는 비가격요소의 역할이 점차 강조되고 있지만 가격은 여전히 마케팅 믹스의 주요 요소이다. 가격정책을 세울 때 기업은 가격목표 설정, 수요결정, 원가추정, 경쟁기업분석, 가격설정 방법 선택, 최종가격 선택의 여섯 단계의 과정을 거치게 된다.

한편, 대부분의 기업에서는 일반적으로 단일 가격을 책정하지 않고 지리적인 수요와 원가, 세분된 시장의 요구사항, 구매 시기, 주문량 등을 반영하는 가격구조를 설정한다. 여기에는 여러 가지의 가격조정 전략이 있는데, 지역적으로 가격을 차별화할 수도 있고, 다양한 할인 및 공제정책을 활용할 수도 있으며, 서로 다른 세분시장에 대해 서로 다른 가격을 설정하기도 하며, 제품계열이나 사양의 선택 등에 따라 가격을 책정할 수도 있다.

③ 촉진관리(Promotion Management)

촉진관리란 마케터가 제품의 혜택을 소비자에게 확산시키기 위하여 시행하는 모든 활동을 말한다. 여기에는 광고, 판촉, 홍보, 인적판매 등이 포함된다.

④ 경로관리(Place Management)

제품, 가격에 이은 마케팅 믹스의 세 번째 요소인 경로는 생산되어진 제품이 생산자로부터 소비자에게 전달되는 과정을 총칭하는 말이다.

모든 생산자가 소비자와 직접 만난다면, 엄청난 비효율을 초래할 것이 틀림없다. 이런 점에서 보면, 보다 효과적이고 효율적인 제품이나 서비스가 고객에게 전달될 수 있도록 하는 것이 중요하다는 것을 알 수 있다.

제품이 생산되면 이를 필요로 하는 고객에게 전달되어야만 제품으로서 의미를 갖게 되는데, 생산자로부터 고객에게 직접 전달되는 제품도 있지만 대리점이나 백화점, 할인점, 슈퍼마켓, 서점, 문방구, 동네 구멍가게 등을 거쳐 고객에게 전달되는 제품도 있다.

이렇게 제품이 생산자로부터 소비자에게 전달되기까지 거치는 모든 과정과 조직을 경로라 하며, 생산자, 중간상 및 고객을 경로 참가자라고 한다.

즉, 경로관리란 제품이 거치게 되는 전 과정을 관리하는 일이며 그 중에서도 특히 어떤 경로를 거쳐 소비자에게 전달되도록 할 것인가가 가장 중요한 문제가 된다.

(5) 기술 및 연구개발

창업 대상 기술의 내용 및 특성 등과 같은 기술의 우위성을 제시하는 부분으로 기술의 핵심내용을 비전문가가 보더라도 이해할 수 있도록 쉽게 설명하고 아이템의 선정과정과 기술현황 및 사업화 가능성, 전망 등을 제시한다.

또한, 향후의 R&D 투자계획을 개발목표, 개발인력 구성, 개발소요자금, 개발일정 등으로 구분하여 제시한다.

투자자 및 사업계획서를 읽는 사람은 해당 부분을 통하여 창업자의 제품개발 가능성 및 기술 인력 현황, 핵심 기술내역, 기술 도입 및 협력 가능성 등과 같은 기술능력과 유사품 대비 기술적 우위성, 가격 경쟁력, 대체기술 출현 가능성, 기술 특허현황, 기술도입 가능성, 기술변화 등과 같은 제품의 특성 및 경쟁력을 파악한다.

(6) 생산과 시설계획

제품을 실제 생산하는 아이템인 경우에는 아래와 같은 형태의 구체적인 생산계획안이 제시되어야 한다.

- ♀ 총괄
- ♀ 연차별 가동 계획
- ♀ 제품별 생산 공정도 및 공정 설명
- ♀ 원자재와 부자재의 소요 및 조달계획(소요량 계획, 주요 원재료 수급계획)
- ♀ 생산 및 시설투자 계획(생산에 필요한 시설 및 설비, 투자계획)

또한, 이러한 생산과 시설계획은 아래와 같은 요소로 평가됨에 관심을 가져야 한다.

- ♀ 생산능력 : 기술 및 생산인력 보유, 시설 확보정도 및 능력, 원부자재 조달 능력, 생산 기술 확립 설계 개발 능력, 유지보수 계획 등
- ♀ 원가추정 : 원단위 산출, 원가의 유동상태 등
- ♀ 공장건설 : 설비 구입 및 Layout, 공사일정, 설비계약 관련 사항
- ♀ 생산형태 : 양산 가능성, 생산규모 등

(7) 경영과 소유 및 인력 계획

벤처자본가의 세계에서는 사람을 보고 투자한다는 것이 정설로 되어 있다. 아무리 사업 아이템이 좋고 시장전망이 좋다 하더라도 그 사업을 시작하고 이끌어가게 하는 것은 결국 사람이기 때문이다.

따라서, 핵심적인 사람이 있는 것도 중요하지만 무엇보다도 중요한 것은 우수한 창업 멤버를 갖추어야 한다는 것이다. 기술개발자, 재무관리자, 영업담당자, 생산현장에서 감독할 사람 등으로 구분하고, 각 분야에 대해 어떤 경험과 지식을 쌓아왔는지를 제시하는 것이 바람직하다.

만약에 창업과정에서 각 분야의 모든 사람을 확보하지 못한 경우라면, 언제 어떠한 자격을 가진 사람을 확보할 예정인가에 대해 언급할 필요가 있다.

(8) 자본과 재무 계획

창업자가 필요로 하는 자본에 대해서도 언급하여야 한다. 소요 예상 금액과 시기에 대한 명확한 제시가 필요하다.

즉, 현재 얼마의 예산이 필요한가? 향후 5년간 어느 시점에서 얼마가 필요한가? 만약 필요 자본금보다 적은 돈이 투자되면 어떻게 될 것인가? 현재 회사의 가치는 얼마로 평가하고 있으며, 이에 따라서 신규 투자가에게는 주식당 가격을 얼마로 책정할 것인가? 등과 같은 내용에 대해서도 충분히 고려한 후, 매출액, 보유기술의 중요성, 인력의 우수성, 성장 가능성 등을 잘 나타내어야 한다.

창업을 준비하는 회사라면 향후 3~5년 동안 예상되는 추정 대차대조표, 추정 손익계산서 등과 같은 재무제표를 제시하고 예상되는 현금 흐름도를 제시할 필요가 있다.

향후 수입에 대한 전망과 함께 조달된 자금을 어떻게 사용할 것인지에 대한 소요자금 명세 및 용도와 차입금 상환계획을 제시하는 것도 빠트리지 말아야 할 요소이다.

(9) 부록

이상과 같이 열거한 내용 중에서 미처 제시되지 못한 부분이나 지면의 한계 등으로 인하여 삽입하지 못했던 자료나 시제품 사진 및 신문 스크랩 등과 같이 필요한 부분을 별도로 첨부 자료로 제출하면 된다.

제출 첨부 서류는 사업계획서를 검토하는 과정에서 의문이 예상되는 부분에 대한 증빙 자료 정도로 생각하면 되는데, 예를 들면 대표자 및 임원 이력서, 기술진 이력서, 최근 3년간 결산 서류(기존의 회사일 경우), 담보 제공시 담보물 감정서, 도시계획 확인원, 등기부 등본, 보증 관련 서류, 사업자 등록증 사본, 정관, 법인 등기부 등본, 제품 카탈로그, 기타 필요하다고 인정되는 서류 등 무수히 많다.

8.3 사업계획서의 예시

이해를 돕기 위하여 실제 사업계획서의 작성 예를 제시한다. 제시하는 사업계획서의 내용은 2005년 10월에 개최된 『2005 대한민국 창업대전』일반부 부분에 참가하여 중소 기업청장상을 수상한 기업의 예임을 밝힌다.

창 업 사 업 계 획 서
(일반부)

참 가 분 야 :	기계/금속(자동차)
팀(또는기업)명 :	(주식회사) ○ ○ ○ ○ ○
사 업 명 :	첨단자동차 부품개발·연구용 장비
제 출 일 :	2005. 7. 20.
팀 대 표 자 :	○ ○ ○

I. 팀 대표자 (창업자)의 인적사항

성 명	○ ○ ○		주민등록번호	123456 – 0123456		
주 소	부산광역시 남구 용당동		전 화 번 호 (휴대폰)			
학 력	기 간	학 교 명	전 공	수학상태 (졸업, 수료, 중퇴)	비 고 (취득학위 등)	
	–	○○대학교	○○공학	졸업	공학박사	
	–	○○대학교	○○공학	졸업	공학석사	
	–	○○대학교	○○공학	졸업	공 학 사	

경 력	근 무 기 간	근 무 처			담당업무 (최종직위)
		근무처명	주요생산품	전화번호	
	–				
	–				
	–				
	–				

연구개발 및 사업화 실적	개발 과제명 및 내용	근무처	실시기간	사업규모 (소요자금)	비 고 (사업화현황 등)
				천원	
				천원	

기타 특기사항 (자격증, 상벌,연수, 대외활동 사항)	• 자 격 증 • 수 상 경 력 • 국 내 외 연 수 활 동 • 대 외 활 동 • 연 구 활 동

※ 별첨 1 : 팀 대표자 연구 실적 목록

Ⅱ. 기업체 현황

□ 창업(계획)회사 개요

(단위:백만 원)

팀(기업)명	(주)○○○○○	대 표 자		○ ○ ○
설립(예정)일자	2005. 3. 30	팀 원 수		8 명
창 업 소 재 지			전화번호	소유여부
본 사				자가, 임차
사업장	(사무실)			자가, 임차
	(연구개발실 및 공장)			자가, 임차
창업 업종	제조	창 업 주 제 품		첨단자동차부품개발
공업소유권, 규격표시허가, 기술제휴, 대외수상실적, 선정내용 등	■ 등 록 사 항 • 2005. 3. 28 : 신기술기업 벤처기업 확인(중소기업청) • 2005. 3. 30 : 사업자 등록 (등록번호 : 000-00-00000) • 2005. 3. 31 : 사단법인 한국자동차공학회 법인회원 등록 업체 • 2005. 4. 12 : 사단법인 한국무역협회 회원 등록 업체 • 2005. 4. 14 : 공장 등록 (등록업종 : 29399, 29394, 33214) • 2005. 4. 27 : 조달청 경쟁 입찰 참가 자격 등록(조달청) • 2005. 6. 2 : 연구개발전담부서 등록(한국산업기술진흥협회) • 2005. 6. 9 : 저작권 등록(저작권 조정 심의 위원회) – 엔진전자제어시스템 (등록번호 : ○-2005-○○○○○) – 전기장치배선시뮬레이터 (등록번호 : ○-2005-○○○○○) • 실용신안 – 2005. 6. 14 : 흡기 & 배기 시스템 시뮬레이터 – 2005. 6. 14 : 점화 시스템 시뮬레이터 – 2005. 6. 14 : 분사 시스템 시뮬레이터 – 2005. 6. 21 : 전기장치 배선 시뮬레이터 ■ 기술 및 영업 제휴 • 일본 C-Quest와 기술제휴 • 캐나다 Quanser(글로벌 기자재 총판) 영업 요청 ■ 사 업 선 정 • 2005년 중소기업 기술혁신개발 사업 선정				

	시 설 명	규 격	수 량	설치년도	용 도	금 액
기 보 유 시 설	오실로스코프	1GS/s, 100MHz,	1대	2005.03.28	연구개발용	5
	자기 진단기	4CH,	1대	〃	연구개발용	37
	드릴링 머신	에탁스기능 포함	1대	〃	생산용	2
	공구 일체	φ25mm 탭핑 겸용	2set	〃	생산용	10
	계측기 일체	-	2set	〃	연구개발/생산용	4
	테이블	-	3개	〃	연구개발/생산용	1
	캐비넷	W1200×D900×H730	5개	〃	연구개발/생산용	1
	정반	W1200×D400×H1800	1대	〃	연구개발/생산용	1
	Autocad	W450×D300×H100	1set	〃	연구개발용	1
	컴퓨터	version 2005	8대	〃	연구개발용	16
	프린트	Pentium IV	1대	〃	연구개발용	2
	디지털 카메라	레이저젯 500만 화소	1대	〃	연구개발용	1
	합계					81

※ 별첨 2 : 회사 등록 사항 증빙 서류

□ 팀원(경영 · 기술인력) 현황

NO	성명	주민등록번호	팀대표자 와의관계	최종학력 (학교 · 전공 · 학위)	주요경력	관련분야 (경영, 기술마케팅 등)
1		-	팀대표자			대표이사
2		-	친구			경영관리
3		-	후배			연구개발
4		-	추천			컨텐츠 개발
5		-	공채			생산관리
6		-	공채			디자인
7		-	공채			회계
8		-	공채			생산

III. 창업(계획)사업의 내용

□ 사업목적 및 기대효과

기대 효과	차세대 자동차 신부품개발기술력 우위를 통한 국내외 산업경쟁력 강화

기존의 사업장에서는 개별 모듈 중심의 자동차 관련 엔진 시스템 및 제어 시스템의 개발이 수행되었지만 본사에서는 통합화 전략을 추진하여 종합적인 엔진 및 제어시스템의 개발이 가능하다. 이러한 일반 자동차 관련 부품의 독자 기술력은 향후 하이브리드 자동차와 같은 차세대 자동차 관련 신제품 개발 및 기술력으로 확장이 가능할 것으로 보인다.

―― 중략 ――

경제·산업측 측면의 기대효과를 살펴보면, 다양한 엔진 관련 통합시뮬레이션의 활용은 엔진 시스템 및 제어 시스템 관련 부품의 개발기간을 단축시켜 경제적 측면에서 개발비 절감의 효과를 가져온다. 기존의 해외 의존적 부품에 대한 국내 업체로의 전환을 통하여 자동차 관련 부품의 수입 대체 효과 및 새로운 해외시장을 개척하여 수출 기반을 확립하는데 도움이 될 것으로 판단된다.

□ 사업화대상 기술(제품, 서비스)개요

기술 및 제품명		자동차 흡기 및 배기 부품 개발용 시뮬레이터				
개발 기간	2004.8.1~2005.4.30	개발 비용	50백만원	제품화 여부		여, 부
개발 방법		(단독, 공동) 공동개발의 경우 상대처 :				
권리 구분		특허등록완료( ), 실용신안등록완료( ), 프로그램등록완료( ), 기타 (실용신안 출원중)				
권리자 (발명자)	성명	(주)○○○○○	사업자 등록번호	000-00-00000	비 고	2005. 6. 14 (출원번호)
	주소					

※ 별첨 3 : 사업화 대상 원천 및 제품화 기술 개요 목록

□ (계획)제품의 내용

(계획)제품의 특성	

표 1　제품 종류 및 개발 현황

제품 종류	개발 단계
자동차 흡기 및 배기 부품 개발용 시뮬레이터	개발 완료
엔진 전자 제어 시뮬레이터 및 통합 제어 시스템 차세대 하이브리드 자동차 통합 시뮬레이터	개발중
자동차 섀시 전자제어 시스템 통합 시뮬레이터	개발 계획

1. 자동차 흡기 및 배기 부품 개발용 시뮬레이터

실제 엔진의 흡기 및 배기 시스템을 가시적으로 확인할 수 있도록 설치하여 시뮬레이터 상의 컨트롤 모듈의 제어에 의해 실제 엔진 운전 조건의 변화에 따른 흡기 및 배기 시스템에서 발생하는 상황을 재현할 수 있다. 따라서 다양한 형식의 엔진 운전조건에 따라 흡입공기량 및 흡기관내의 압력을 제어하여 흡입공기유량센서 등의 성능을 비교·평가할 수 있고 냉각수 온도와 엔진의 전기적 부하제어를 통해 공회전 속도 조절 장치 등의 성능을 비교·평가에 적용이 가능하다.

(계획)제품의 특성	

〈시뮬레이터 부분별 모듈명〉

① Intake & Exhaust System Module

② Indicator Module

③ Controller Module

④ Idle Speed Control Actuator Module

⑤ Waveform Analysis Module

⑥ Display Module

〈시뮬레이터 실물도〉

〈자동차 흡기 및 배기 부품 개발용 시뮬레이터〉

- 엔진 흡기 및 배기 시스템의 전체적인 구조 이해
- 흡기 및 배기 시스템 관련 센서 및 액추에이터의 구조 및 기능 이해
- 흡기 및 배기 시스템 관련 센서 및 액추에이터의 배선 실습
- 흡기 및 배기 시스템 관련 센서 및 액추에이터의 회로 점검 실습
- 엔진 운전 조건에 따른 흡기 및 배기 시스템에서의 상황 변화 이해
- 흡기 및 배기 시스템 관련 센서의 출력값 및 액추에이터의 제어값 변화 이해
- 엔진 운전 조건에 따른 흡기 및 배기 시스템 관련 센서의 출력값 및 액추에이터 제어값 변화 이해, 파형 분석 실습
- 차량 진단기의 기초적인 사용 방법 실습
- 이그니션 스위치 동작에 따른 엔진의 전원 공급 및 제어 상태 이해

□ (계획)제품의 기술 핵심내용

기술의 핵심내용	

• 엔진을 구동하지 않은 상태에서 흡입공기량 및 흡기다기관 압력제어 재현 기술

- 스로틀 밸브의 개도를 변화시켜 크랭크축과 갬 축의 회전수 제어가능
- 냉각수 온도 및 흡입공기 온도의 임의 변화 기술
- 농후·희박에 따른 산소센서 출력값의 변화기술

• 엔진의 운전조건에 따라 액추에이터 제어기술

-가상적 엔진 회전수 및 냉각수 온도에 따른 공회전 속도 조절장치 제어기술

-가상적 엔진회전수에 따른 EGR 및 Purge Control 솔레노이드 밸브 제어기술

• 설정 운전조건에 따른 제어 및 입출력 값 모니터링 기술(PC활용)

  - 스로틀 밸브 개도 변화에 따른 회전수 실시간으로 모니터링

  - 흡입공기유량센서 출력값 및 공회전 속도 조절장치 제어값 모니터링

  - 냉각수 온도 및 흡입공기온도 변화 모니터링

  - 전원 공급 상태 및 점화시스템의 동작 상태를 시뮬레이터에서 모니터링

• 흡기·배기 시스템 성능 분석 시스템 개발

  - 센서 및 액추에이터를 시뮬레이터 상에 설치가 용이하게 제작

  - 사이클 당 흡입 공기량(체적·질량유량) 계산

  - 공회전 시의 흡입공기량과 공회전 속도 조절장치의 상관관계 분석

  - 각종 센서 및 액추에이터의 응답성 표시

  - 모니터링 정보를 통한 시스템의 구조의 이상 유·무 확인과 단품 점검 가능

□ 기술개발 진척도

| 기술개발 진척도 | |

주요추진내용	2005년									2006년					
	4월	5월	6월	7월	8월	9월	10월	11월	12월	1월	2월	3월	4월	5월	6월
제어회로 및 하드웨어 설계·보완															
제어회로 및 하드웨어 제작															
시뮬레이터 제어 프로그램 제작															
데이터 분석 프로그램 설계 및 제작															
시뮬레이터 setting 및 1차 테스트															
통합 제어 시스템 설계 및 제작															
데이터 분석 프로그램 적용 테스트															
시제품 완료															

□ 국내외 개발 현황

국내외 개발현황	

- 상용화되어 있는 자동차 교육용 기자재는 완성차에서 기능별로 분해된 형태로 각 시스템의 기초적인 동작상태의 시뮬레이션이 가능한 제품이 많아 가격 대비 활용도가 매우 낮음
- 국내에는 자동차 관련 교육기관의 교육과정을 고려한 코스웨어 자료와 교육 활용도가 높은 시뮬레이터를 연계하여 상품화한 사례는 없으며 국외 제품은 가격적인 측면과 국내 교육 현실과의 이질성으로 인해 수요가 적음
- 교육용 장비로서의 기능뿐만 아니라 관련 부품의 성능분석 기능을 겸비한 제품은 전무함
- 자동차 관련 기초 교육에서 현장 활용 기술 교육까지 적용 가능한 교육용 장비와 코스웨어 자료 부재
- 다수의 학습자가 효과적으로 교육하기 위한 코스웨어 자료와 실제 차량 주행 조건을 시뮬레이터 상에서 임의로 제어할 수 있는 기술 부족

□ 제품 경쟁력

제품경쟁력	

업체명	제품명	본 제품의 비교 우위
D 사	Motronic System	·다양한 센서 및 액추에이터의 개발 및 비교 가능 ·흡기·배기, 점화, 분사 시스템별 심층 연구 가능 ·엔진 운전 조건 변화에 따른 물리적인 상황 변화 재현 가능
R 사	엔진 시뮬레이터	·시스템과 관련 부품의 성능 테스터 사용 가능 ·시스템의 배선 작업 실습 가능 ·시스템의 전원 공급 상태를 가시적으로 확인 가능
D 사	전장 시뮬레이터	·기능별로 모듈화 되어 있고 각 모듈의 배치를 자유롭게 변경시킬 수 있어 실제 차량에 적용 가능함
R 사	에탁스 시뮬레이터	·액추에이터 및 센서의 동작이 차량과 동일하게 구현 가능 ·모듈별 진단, 점검 및 배선이 가능하게 제작됨 ·모듈별 회로도 동작 상태와 에탁스의 동작 알고리즘 확인

□ 국내외 시장 규모 및 특성

국내외 시장 규모 및 특성

 일반적으로 자동차시장의 규모와 비례하여 관련 시장의 규모도 확대되는데 자동차산업이 활성화되고 있는 중국, 태국, 베트남 등의 동남아지역 및 동유럽 국가는 국내 시장의 한계성을 벗어나 새로운 판로를 제공할 것으로 예상된다. 한국 자동차공업협회의 2005년 자동차 생산판매 전망으로부터 산출되는 해외 총 시장규모는 70,212억 원으로 예상된다.

시장구분		국내 시장 규모	수출 규모	세계 시장 규모
자동차 시장규모	금액	–	163,000억 원	8,465,000억 원
	대수	115만 대	240만 대	–
관련 사업 시장규모		648억 원	1,352억 원	70,212억 원

(참고) "한국자동차공업협회 2005년 자동차 생산판매 전망"으로부터 계산한 결과 자동차 교육 및 연구용 기자재의 향후 시장 규모도 확대되어 2008년에는 국내 963억 원, 해외 93,231억 원으로 추정된다.

구분	2004	2005	2006	2007	2008
국내(억 원)	648	732	797	876	963
국외(억 원)	62,154	70,212	77,118	84,846	93,231

(참고) "한국자동차공업협회 2005년 자동차 생산판매 전망" 세계 시장 규모(자동차 시장 규모 vs 교육기관 규모)

□ 국내외 시장 마케팅 전략 계획
- 국내 시장의 전략적 목표

고객 중심(TCE*)의
제품 및 서비스 창출

※ TCE : Total Customer Experience

▸ 시장의 분석 - 기존 시장의 재분석과 향후 해외시장의 개척 모색
▸ 현황 및 고객 Needs 분석 - 기존 제품의 문제점 및 고객 Needs의 파악

■ 국내 시장을 위한 전략수립의 체계

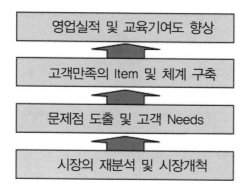

■ 국내 시장의 분석

▸ 경쟁 업체 및 제품의 현황분석

● 경쟁 업체의 현황조사(Market Share)

● 경쟁 제품의 현황조사(최근 구매동향)

▸ 기존 제품의 고객설문(만족도) 조사

■ 해외 시장의 전략적 목표

▸ 해외시장 개척단의 지원 계획중 7, 10, 11월 중국, 동남아 중심으로 참가한다.

▸ 해외 바이어 초청 상담회는 대부분 미주와 일본지역으로 3월중 중국, 4월중 미주지역 등을 참여하고 상황을 보아 지원계획에 참여한다.

▸ 회사의 영업담당자는 5, 10월중 국제통상 무역실무강좌에 참여한다.

▸ 프로그램의 참여로 인한 실제 무역업무가 발생하면, 관련 기관 및 위탁판매 업자의 지원과 협조를 받아 업무를 처리한다.

■ 해외 시장을 위한 전략수립의 체계

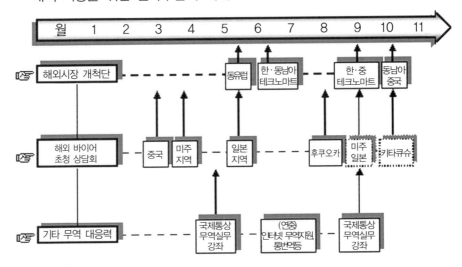

□ 단계별 발전 전략

• 아이템 선정 및 시장조사
• 제품의 개발
• 법인의 설립 및 초기투자
• 기술개발 및 마케팅 계획의 수립
• 국내시장에의 제품 출하
• 해외마케팅의 개척
• WRC 튜닝 제품의 개발

• 자동차 신부품 및 소재 분야의 제품 개발
• 조직의 안정 및 국내 최대 시장점유율 달성
• 양산 체제의 돌입
• 수익창출의 극대화
• 연구개발 및 설비투자의 극대화

• 차세대 자동차 부품 및 소재의 연구개발
• 해외 법인설립의 추진

Ⅳ. 사업화 추진계획

□ 생산추진 계획

현재 개발상황	

개발된 제품은 흡기 & 배기 시스템(Intake & Exhaust System), 점화 시스템(Ignition System), 분사 시스템(Injection)의 차량의 전자 제어 엔진 시뮬레이터 부분과 전기 장치 배선(Electrical Equipment Wiring) 시뮬레이터 부분으로 나뉘어 질 수 있으며, 개발된 시뮬레이션 모듈의 통한 교육-학습자 중심의 활용 지원을 위한 코스웨어(Courseware) 프로그램 또한 개발·양산하고 있는 단계에 있다.

그러나 현재 개발된 제품들은 그림과 같이 주문에 따른 다품종 소량 생산 방식에 따른 양산체제를 진행하고 있다. 따라서 다품종 소량 생산 방식을 벗어나 중품종 중량 생산에 맞춰 생산합리화를 위한 효율적인 생산 관리 방식의 도입 및 구축과정이 요구되고 있으며, 또한 전자 제어 시스템 간의 상호 연관성을 이해하고 종합적 전문 지식 갖춘 인력 양성을 위해 현재 진행 중인 기 개발 제품과 신제품의 통합화 과정을 중심으로 본사의 전반적인 경영·생산 합리화를 추진 중이다.

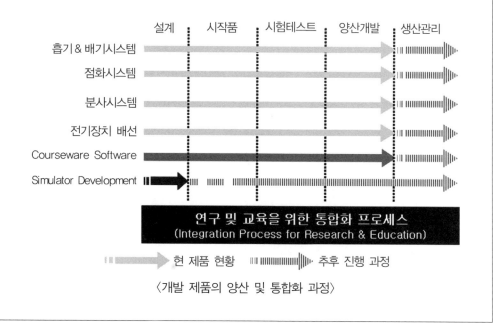

〈개발 제품의 양산 및 통합화 과정〉

향후 추진방법

　국내외 시장을 대상으로 한 영업활동의 적극적인 전개를 진행함으로써 향후 판매 시장의 확보에 따른 판매량은 2005년 기준 2007년에는 2배 정도 증가할 것으로 예상되며, 1년 평균 240대 정도의 판매량을 보일 것으로 예상되고 있다. 이는 현재의 경영방식 및 생산방식에 대한 체질 개선이 반드시 요구된다. 따라서 1차적으로 단순 주문형 생산방식에서 철저한 원가, 품질, 납기 관리에 기초한 생산관리를 도입·진행하고 있으며, 2차적으로는 생산관리의 효율성을 증대하기 위하여 경영·생산합리화가 반드시 필요하다. 따라서 본 업체에서는 그림과 같은 경영-생산-고객(영업) 지원을 기반으로 한 프로세스 맵을 구축하고, Plan-Do-Control-Action 사이클에 입각한 업무 과정을 개선하고 이를 바탕으로 사무, 제조, 판매의 기본적인 프로세스를 표준화하여 향후 ISO규격 인증을 위한 단계를 전개하고자 한다.

　특히, 양산화를 위한 생산합리화 과정은 원가관리, 공정관리, 설비관리, 품질관리, 자재관리 그리고 외주관리 등 다양한 관리기법을 도입하고 세부 관리 형태들을 철저한 계획아래 추진함으로써 주문에서 출하까지의 생산 전반 관리가 체계적으로 이루어지도록 추진 중이며, 이를 바탕으로 표준화, 명문화를 통한 데이터베이스 관리를 병행함으로써 향후 전사적인 경쟁력 확보를 위한 국내·국제 표준 인증 획득의 기반을 조성하고자 한다.

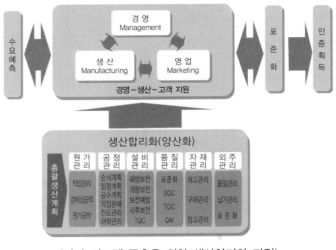

〈양산 시스템 구축을 위한 생산합리화 과정〉

□ 양산체제 구축계획

양산체제 구축계획

본사에서는 양산체제 구축을 위하여 기본적인 프레임워크(Framework)을 바탕으로 하드웨어적인 요건을 충족시키기 위하여 매출액의 10%를 설비에 투자함으로 2007년 공장의 신설계획을 가지고 있으며, 수요를 감안하여 공정별 배치에서 제품별 배치형태로 전환에 따른 타당성을 검토 중이다. 그리고 워크샘플링 등을 동한 표준시간 산정을 통하여 2005년 및 향후 인력수급계획을 고려하고 있다. 또한 소프트웨어적 측면에서는 경영·생산합리화를 추진하여 작업지시서 등의 서류와 관련된 업무표준화와 공정도에 기초하여 작업상의 공정순서, 작업방법 등을 표준화를 진행 중에 있으며, 외주활용에 있어서도 경제성을 고려하여 타당도 조사를 수행하고 있다.

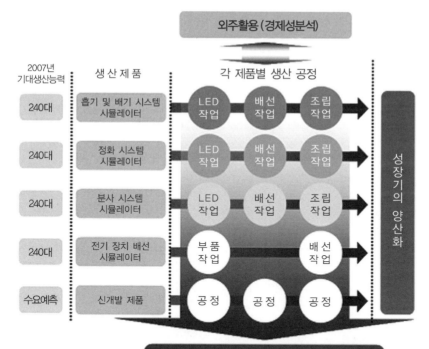

〈양산 체계 구축을 위한 프레임워크〉

□ 양산체제 구축을 위한 공정계획

양산체제 구축계획	(생산규모, 생산공정, 공정별 설비, 외주활용 등 생산방법 기입)

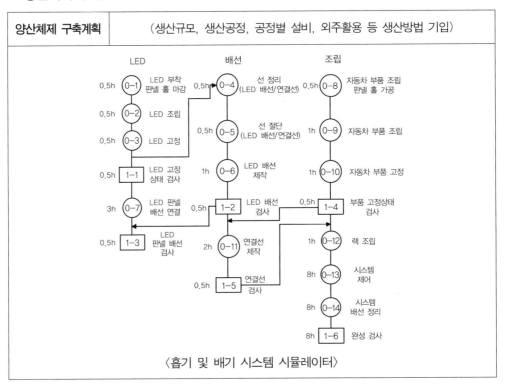

〈흡기 및 배기 시스템 시뮬레이터〉

□ 주요 자재 조달방안

주요자재 조달방안	

 현 제조기반 상황에서의 주요자재 조달형태는 협력업체 체결을 통하여 4개 업체를 대상으로 전량 국내조달을 바탕으로 이루어지고 있다. 자재 조달의 효율적인 관리를 위해서는 우선적으로 안정적인 자재 확보가 필요하나, 향후 고객의 다양한 주문에 따른 빠른 대응을 하기 위해서는 구입처의 다각화가 필요하다.

〈자재 조달업체에 따른 자재 종류, 가격 및 소요량〉

구입처	자재 종류수	자재가격범위	자재소요량범위	조달방법
삼성판금	4	60,000~160,000	1~16	국내
부산단자	4	180	5~1,000	국내
현대모비스(주)	35	600~115,000	1~2	국내
협신전자	7	190~4,500	1~200	국내

□ 제품 생산 능력

제품 생산 능력	

개발제품에 대한 2005년 기준 설비능력은 표와 같이 월 8대, 공정능력을 고려한 일정계획 및 능력소요계획을 고려할 때 생산능력은 월 10대가 가능하며, 예상가동률은 설비능력에 따라 약 80%임을 알 수 있다. 또한 향후 사업 확대에 따른 설비능력 및 생산능력은 공장의 이전과 인력 수급으로 인하여 월 20대 가능할 것으로 보이며, 양산 생산체제를 위한 다양한 공정 기술을 도입하고, 표준화함으로써 가동률은 신제품의 도입에도 불구하고 5% 정도의 감소만 보일 것으로 기대된다.

신제품의 경우 현재 개발단계에 있으므로 정확한 작업 공정도 및 예상 소요 인력의 산정이 어려우나 2007년 양산 체제를 목표로 할 경우 2006년 시작품을 출시함과 동시에 생산능력의 재분석이 필요하다.

〈사업화에 따른 제품 생산 능력 비교〉

개발 제품	항 목	기존 시설 (2005년)	사업계획 후 (2007년)
1. 흡기 & 배기 시스템 시뮬레이터 2. 점화 시스템 시뮬레이터 3. 분사 시스템 시뮬레이터 4. 전기장치 배선 시뮬레이터	설비능력	8대/월	20대/월
	예상가동률	80 %	75 %
	생산능력	10대/월	25대/월

□ 사업장 현황 (또는 확보계획)

(단위:백만 원)

소 재 지	규모(m²)	자가, 임차	소요자금	자금조달방법	비 고
	330	임차	36/년	설립 자본금	
특기사항 (주변여건, 기반시설(용수,전력) 등)					

□ 인력확보 계획

구 분		현원	추가 소요인원		확 보 방 안
			2005년도	2006년도	
일반직	임 원	2	–	1	(현재의 조직)
	사무·영업직	1	1	2	·임원 : 대표 및 전무 1명
	소 계	3	1	3	·연구개발팀 : 3명
기술 및 생산직	박사 또는 기술사	1	–	–	·생산기술팀 : 2명 ·영업관리팀 : 1명 (2005년 확보계획)
	석사 또는 기사1급	1	1	1	·영업 및 일반관리직 : 1명
	학사 또는 산업기사	1	1	2	·연구개발팀 : 제어기사 1명
	기 타	2	–	–	·생산기술팀 : 생산기사 1명 (2006년 확보계획) ·경영관리 임원 : 1명
	소 계	5	2	3	·영업관리팀 : 영업직 2명 ·연구개발팀 : A/S 기사 1명 ·생산기술팀 : 생산기사 2명
계		8	3	6	

□ 설비 도입계획

(단위:백만 원)

기자재명	규 격	수량	용 도	금 액	제 작 처
콘투어 머신	450mm, 220th	1대	연구개발용	3	대세정밀기계
스포트 용접기 및 기타 설비	50KVA	1set	연구개발용	10	신성용접기기
선반	400×1000	1대	연구개발용	35	통일중공업
평면 연삭기	300×650	1대	연구개발용	11	대한기계
CNC 조각기	500×700×150	1대	연구개발용	30	부산기계
합 계				89	

□ 사업화 추진일정

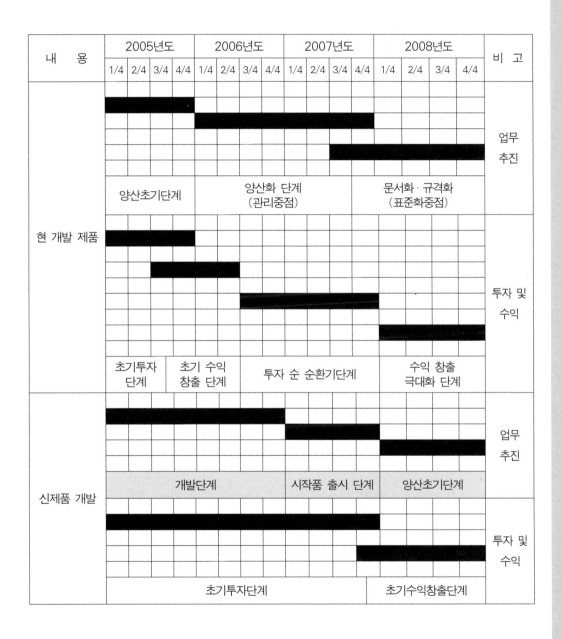

□ 판매계획 및 전략

(단위:백만 원)

제 품 명	2005년도		2006년도		2007년도	
	내수	수출	내수	수출	내수	수출
흡기 및 배기 시스템 시뮬레이터	600	75	355	150	205	205
점화 시스템 시뮬레이터	600	75	355	150	205	205
분사 시스템 시뮬레이터	600	75	355	150	205	205
전기장치 배선 시뮬레이터	600	75	350	150	205	205
엔진 전자제어 통합 시스템	–	–	355	155	470	470
차세대 하이브리드 통합 시뮬레이트	–	–	355	155	470	470
섀시 전자제어 통합 시스템	–	–	355	155	470	470
친환경 에어콘 회수재생진공 충전기	–	–	355	150	470	470
소 계	2,400	300	2,835	1,215	2,700	2,700
합 계	2,700		4,050		5,400	

위 표 좌측 레이블: 판매계획 / 판매전략 및 추정근거

- 2005년 판매계획
  - 총 매출수량 : 흡배기 시스템 시뮬레이터 등 4개 종류 120대
  - 총 매출 규모 : 1개 단위당 평균 매출액 22.5 × 120대 = 2,700
    (시장 점유율 : 4.2 %)
  - 내수 : 수출 = 9 : 1

- 2006년 판매계획
  - 2005년도의 1.5배
  - 신제품인 엔진 전자 제어 통합 시스템 등 4개를 매출 비중 50% 점유
  - 내수 : 수출 = 7 : 3

- 2007년 판매계획
  - 2005년도의 2배
  - 신제품인 엔진 전자 제어 통합 시스템 등 4개를 매출 비중 70% 향상
  - 2006년도 1.5배(내수:수출=7:3)
  - 내수 : 수출 = 5 : 5

□ 소요자금 및 조달 계획

(단위:백만 원)

소 요 자 금			조 달 계 획		
용 도	내 용	금 액	조달방법	기조달액	추가조달액
운전자금	연구개발 및 제조비	1,054	자기자금	475	–
	인건비 및 일반 경비	215	금융차입	–	100
	홍보 및 영업활동비	51	기 타	–	745
	소 계	1,320	소 계	475	845
시설자금	사무용 기기 및 비품	20	자기자금	25	–
	설비 및 공구	5	금융차입	–	–
	–	–	기 타	–	–
	소 계	25	소 계	25	0
합 계		1,345	합 계	500	845

소요자금 산출근거 (운전, 시설)	항목			소요자금 산출근거	
	연구개발 및 제조비	연구개발비		매출액 50,000의 10%	25,000
		제조비	재료비	흡기·배기	315,900	1,001,970
				정화	85,860	
				분사	296,460	
				전기장치	303,750	
			직접제조인건비	24,000	24,000
			매뉴얼 및 컨텐츠	3,600	3,600
	인건비 및 일반 경비	인건비	경상경비	기존 상근 직원(71,000), 신규 직원 채용(40,000), 수당(20,000)	155,000
		일반경비	지급임차료	월 임대료 200×12	2,400
			3대 보험료	월 보험료 분담금 66,750×5명×12월	4,005,000
			사무 및 전산용품	300×12월	3,600
			교육 및 A/S 경비	100×2명×2일×120개=48,000	48,000
	홍보 및 영업활동비	제품 카탈로그		500×4개 아이템 = 2,000	50,750
		학회지홍보		600×6개월×2회=7,200	
		세미나, 이벤트, 대회 참석		5,000×3회=15,000	
		영업 및 마케팅 활동비		16,550	
		홍보예비비		10,000	
	사무용 기기 및 비품			컴퓨터, 프린터 등의 내구 년수 5년=20,000	25,000
	설비 및 공구			내구 년수 5년=5,000	

조달계획 산출근거	
2005. 3. – 법인설립출자	: 50
2005. 6. – 자본출자	: 50
2005. 7. – 연구과제유지	: 210
2005. 9. – 중소기업 및 벤처 자금 융자	: 100
2005. 8~12. – 월별 매출	: 225

□ 추정 손익계산서

(단위:백만 원)

구 분	2005년도	%	2006년도	%	2007년도	%
매출액	2,700	100	4,050	150	5,400	200
매 출 원 가(-)	1,029	100	1,543	150	2,059	200
판 매 관 리 비(-)	316	100	420	133	520	165
영업 이익	1,355	100	2,087	154	2,821	208
영업외손익(+,-)	25	100	50	200	61	244
경상 이익	1,330	100	2,037	153	2,760	208
특별 손익(+,-)	30	100	37	123	60	200
법인세 등(-)	130	100	140	108	150	115
당기 순이익	1,170	100	1,860	159	2,550	218
(연구개발비)	540	100	810	150	1,080	200

V. 사업계획 지연 또는 차질시 대안

구 분	대 안
자금조달 부문	• 외부 투자 유치에 의한 자본 증자 • 금융권 기술담보 융자 및 신용대출 • 개인대출 및 사내 우리사주 공모
인력수급 부문 (기술인력, 경영진)	• 산학연계를 통한 외부 기술고문 및 연구개발 인력보완 • 외부 경영컨설팅에 의한 경영관리 인력 대체 • 사외이사 영입에 의한 경영진 확보 • 위촉 연구원 제도에 의한 연구 인력 확보
기술개발 부문	• 연구개발 과제의 공모 참여 • B2B 연계에 의한 상호 애로기술의 연구개발 • 산학 연구개발 추진

생산계획 부문	• 외주가공의 확대 • 비정규직 생산 인력 활용 • 생산 설비 공유 및 대여제도 활용 • 유사 업종의 유휴 공장 시설 활용
판매계획 부문	• 전문 위탁 영업 제도의 도입 • 해외 대리점 개설 추진 • 전문 영업사원의 영입 • 위탁 영업 대리점과의 홍보 · 영업 협력

VI. 선행기술조사 및 결과 보고서

□ 참가자 정보

참가자 구분	일반부	접수번호	※ 접수번호기재
아이템명	첨단 자동차 부품 개발용 시스템 개발 사업		
참가팀명	(주)ooooo	지원분야명	기계/금속(자동차)
대표자성명	o o o	주민등록번호	–
연락처		이메일	

□ 선행기술조사 의뢰 내용

1) 자동차엔진(내연기관)의 전자제어 및 다회수 점화장치

기술과제명	자동차엔진(내연기관)의 전자제어 및 다회수 점화장치
기술요지	• 엔진의 상태를 센서로부터 입력한 값을 사용하여 점화조건을 추출하는 것에 대하여 점화기간과 그 점화기간내에서 다회수 점화수를 추출하여 점화를 행하는 자동차 엔진의 전자제어장치 • 점화기간과 그 점화기간내에 다회수 점화수를 발생함에 있어서, 고전압을 발생시키고 이 전압을 정류하여 직류 전원으로 점화를 행하는 자동차 엔진의 다회수 점화장치 • 점화기간을 0.1ms~26.67ms의 범위를 가지고 다회수 점화주파수를 500Hz~ 100Hz의 범위를 가지는 점화장치와 점화기간, 다회수 점화 주파

	수의 두 신호를 개별적으로 출력 또는 이들 두 신호를 곱하여 하나의 출력으로 사용한 자동차 엔진의 전자제어 및 다회수 점화장치				
조사범위	한국 (○)	미국 ( )	일본 ( )	유럽 ( )	기타 ( )
	※ 국내검색은 필수, 해외검색은 필요시 검색				

2) 초희박 혼합기용 스파크 플러그

기술과제명	초희박 혼합기용 스파크 플러그				
기술요지	• 스파크 플러그에 있어서, 접지전극 대신에 접지전극봉이 입설된 바닥과, 바닥의 외주연에 일정 간격으로 입설되고 그 단면이 부채꼴인 다수개의 보호벽과, 상기 바닥과 보호벽에 의해 형성된 화염보호실과, 이웃한 두 개의 보호벽에 의해 형성된 통기 슬릿으로 구성된 화염보호용 캡을 부착하여 형성됨을 특징으로 하는 초희박 혼합기용 스파크 플러그 • 통기 슬릿은 보호벽의 단면 형상에 의해 화염보호실의 내부쪽은 넓고 외부쪽은 좁게 형성됨을 특징으로 하는 초희박 혼합기용 스파크 플러그				
조사범위	한국 (○)	미국 ( )	일본 ( )	유럽 ( )	기타 ( )
	※ 국내검색은 필수, 해외검색은 필요시 검색				

□ 선행기술 조사결과

1) 자동차엔진(내연기관)의 전자제어 및 다회수 점화장치

연번	문헌번호	유사기술내용	관련도
		구성대비〔 ( )쪽 ( )행 〕	
1	특허 등록번호 10-000000-00 00	적절한 스파크 간격으로 횟수를 증가 시키고 스파크 간격 조정에 따라 스파크 지속시간과 스파크 에너지 방출 패턴을 변화 시키는 점화장치〔요약, 청구항, 도면 참조〕	관련은 있으나 점화횟수가 증가할 수록 점화에너지가 감소하는 항목이 기발명과 차이가 있음

| 2 | 특허
공고번호
10-0000-0002
000 | 요구되는 최적 점화시기를 결정하기 위하여 기관 상태에 따른 신호를 바탕으로 기관의 최대 진각 위치를 미리 설정하고 각 감지기로부터 출력신호를 총합하여 이에 비례하는 각도를 설정된 최대 진각에서 공제함으로써 매우 저렴하고 간편하면서도 범용성이 높은 내연기관의 전자식 점화제어 장치를 제공〔요약, 청구항, 도면 참조〕 | 특별한 관련은 없으나 일반적 선행기술 포함함 |
| 3 | 특허
등록번호
10-0086000-0
000 | 기관의 회전에 동기하여 교류 신호를 발생하는 신호 발전기와 출력 신호를 소정의 임계값에 의해 파형 정형하는 파형 정형 회로와, 파형 정형 회로의 출력 신호에 의하여 점화 코일의 1차 전류를 통전, 차단하도록 함으로써, 신뢰성이 향상되고, 염가인 내연기관 점화장치를 제공〔요약, 청구항, 도면 참조〕 | 관련은 있으나 점화횟수가 제어되지 않는 항목이 기발명과 차이가 있음 |

2) 초희박 혼합기용 스파크 플러그

연번	문헌번호	유사기술내용	
		구성대비〔 ( )쪽 ( )행 〕	관련도
1	실용신안 등록번호 20-0198870- 0000	연소실의 초희박 상태 및 풀 로드(최대 출력시) 상태에 따라 별도로 점화되도록 두 개의 스파크 플러그를 설치함으로써 상면이 평면인 피스톤으로도 초희박 연소가 가능한 듀얼 스파크 플러그 시스템〔요약, 청구항, 도면 참조〕	관련은 있으나 점화 방식에 있어 기발명과 차이가 있음
3	실용신안 등록번호 20-0000000- 0000	중심전극과 접지전극 사이에서 불꽃을 발생시켜 압축가스를 점화하는 스파크 플러그에 있어서, 상기 접지전극의 화염전파 방향의 수직방향인 폭의 두께는 중심전극에 비해 얇게 형성하고 두께는 두껍게 형성함을 특징〔요약, 청구항, 도면 참조〕	관련은 있으나 스파크 플러그의 형상과 점화 방식이 기발명과 차이가 있음
	특허 등록번호	실린더 내부에서 연료를 분사하기 위한 인젝터와 점	관련은 있으나 점

10-0000000-0000	화시키기 위한 점화플러그가 별도로 구비되어 있는 다이렉트 인젝션 엔진에 있어서, 점화플러그(10)의 몸체 내부로 연료를 이동시키기 위한 가이드 공(21)을 형성한 파이프(20)와 이 파이프(20)의 단부에 복수개의 분사구(31)(32)(33)가 일체형으로 형성된 노즐부(30)로 구성하여 성층연소가 이루어지도록 함과 아울러 그 구조를 간단하게 하여 가격을 낮출 수 있도록 한 것[요약, 청구항 도면 참조]	화 방식이 기발명과 차이가 있음
실용신안 등록번호 20-0000000-0000	리이드의 단부에 접지전극의 역할을 하고 다수의 통기공이 뚫린 캡을 부착하여 캡 내부에서 착화된 화염이 통기공을 통하여 연소실로 화염빔을 방사하여 완전 연소를 유도하는 방법[요약, 청구항 도면 참조]	관련은 있으나 캡의 형상이 기발명과 차이가 있음

□ 검토 의견

1) 자동차엔진(내연기관)의 전자제어 및 다회수 점화장치

1) 자동차엔진(내연기관)의 전자제어 및 다회수 점화장치

종래의 다회수 점화장치는 점화 간격이 좁아지면 1차 코일에 전류가 흐르는 시간이 짧아 2차 방전 전압에 영향을 미쳐 점화간격에 대한 한계가 있고, 과다한 스파크횟수는 무용의 에너지를 증가시키는 결점이 있다. 이를 해결하기 위해 본 기술은 점화에너지의 감소 없이 응답성이 우수한 점화장치를 사용 점화기간과 주파수를 변화시켜 점화장치와 점화시간, 다회수 점화주파수의 두 신호를 개별적으로 출력 또는 이들 두 신호를 곱하여 하나의 출력으로 사용할 수 있게 한 것이다.

2) 초희박 혼합기용 스파크 플러그

2) 초희박 혼합기용 스파크 플러그

본 기술은 스파크 플러그 캡의 슬릿의 면적이 갈수록 넓어지므로 유체의 운동에 있어 유량이 일정할 때 통로가 좁으면 유속이 빨라져 화염핵의 생성이 빠르게 이루어지며 유입되는 혼합기에 의해 안정되게 생성되지 못하거나 생성된 화염핵이 바로 소실되는 문제점을 해결하게 된다.

본 기술과 부분적으로 유사한 기술들은 있으나 각 시뮬레이터의 기술요지와 부합하는 선행 자료는 없는 것으로 조사되어 본 기술은 진보성이 있는 것으로 사료된다.

8.4 | 사업계획서의 작성 실습

본 절에서는 8.3절에서 제시한 사업계획서의 예를 참고로 창업을 위한 사업계획서를 작성해 보도록 하자.

작성 실습을 위하여 정보통신부와 정보통신연구원이 주최하고 한국정보통신산업협회가 주관하는 2007 벤처 창업경진대회를 소개한다.

이 대회의 목적은 IT분야의 창의적 아이디어 발굴 및 사업화 지원을 통한 벤처창업 분위기 조성과 예비창업자에게 효과적인 사업화 모델을 제시하여 사업화 능력을 배양시켜 벤처창업의 성공 가능성을 제고하기 위한 것이다.

2007년도 창업 경진대회를 통한 창업 활성화를 위한 사업화 지원 내용을 살펴보면 아래와 같다.

- 시제품개발 지원

    - 정보통신우수신기술 지원사업 참여시 대상(1명), 최우수상(2명) 수상자에 한하여 서면심사 면제, 우수상(5명), 장려상(12명) 수상자 가점 부여
    - 산업경쟁력강화사업 참여시 수상자 가점 부여
    - IT특화 보육센터(BI) 입주시 대상(1명), 최우수상(2명) 수상자에 한하여 우선 입주, 우수상(5명), 장려상(12명) 수상자는 가점 부여

- 선정 아이템에 대한 마케팅 지원

    - 국내 사업설명회 개최, 국내 전시회 지원

- 기타 사업 지원

    - 특허 및 실용신안권 출원 지원(1차 선발자(120명)중 선행기술 조사결과 출원 가능 작품)
    - 기술보증기금 기술타당성 평가(수상자 20명)
    - 수상자에 대한 창업교육 및 정보통신벤처창업네트워크를 통한 창업컨설팅 지원

제9회 정보통신 벤처창업 경진대회 창업아이템 제안서

지원분야			접수번호	
아이템명				

제안자 대표	성 명		주민등록번호	–
	소 속	□학생 □교수 □직장인 □예비창업자 □기타		
	주 소	(우 –)		
	연락처	전 화		
		핸 드 폰		
		E-Mail		

아이템 개발진척도	기획 □ 개발 □ 시제품완료 □ 상품화완료 □			
특허및실용 신안권출원	검색여부	검색완료 □ 미검색 □ 해당없음 □		
	출원여부	미 출 원 □ 출원중 □ 등록완료 □		

입상경력 (동아이템)	대 회 명	수상내역	수상일자	시행기관

타연구개발과제 수행(동아이템)	지원기관명	기간(년)	지원형태	지원금액
			융자( ) 투자( )	백만원

상기 아이템에 대한 제안서를 첨부와 같이 제출합니다.

제출일자 : 2007.   .   .

제 출 자 :   (인)

정보통신부장관 귀하

1. 제안서 순서 및 내용

1) 아이템의 개요

○ 아이템의 개략적 내용

○ 아이템의 핵심적인 특성

2) 아이템의 착안배경 및 파급효과

○ 아이템의 착안배경
 - 아이템의 착안계기 및 제안취지
 - 시장 및 기술동향 분석 등

○ 아이템의 파급효과
 - 기술적 파급효과
 - 경제적 파급효과

3) 아이템의 기술특성 및 기술개발 방향

○ 아이템의 기술적 특성
 - 기술의 장단점
 - 유사 및 경쟁기술과의 차이점

○ 기술개발 목표 및 기술개발 방향
 - 기술개발의 목표
 - 개략적인 기술개발 방향

4) 제품특성 및 상품화 방향

○ 개발될 제품의 특성

- 용도 및 이용자 특성
- 경쟁제품과의 비교

○ 개략적인 시제품개발 방향

○ 개략적인 상품화 방향
- 목표시장
- 초기시장 진입전략
- 개략적인 마케팅 전략

5) 소요자금 및 인력 계획

○ 예상소요자금

○ 예상소요인력
※ 별첨 : 제안자 대표 및 팀원의 이력서

2. 제안서 작성요령

1) 항목별 작성 요령

○ 지원분야
- 멀티미디어·컨텐츠(UCC), 정보통신서비스(IP, CP, SI 등 포함), 일반패키지소
프트웨어, 기기·부품 등 4개 분야 중 1개를 기재하되, 구분이 모호한 경우에
는 공란으로 두어도 무방
※ 접수분야는 전문가에 의하여 재분류될 예정

○ 아이템명 : 창업아이템을 함축적으로 표현할 수 있는 아이템명 기재

○ 제안자 대표
- 성명 : 팀으로 참여할 경우 대표자 누구 외 몇 명으로 표기
- 소속 : 학생인 경우는 학교, 학과 및 과정(학부, 석사과정, 박사과정 등)을 명

기하고, 일반인은 연구소 또는 직장 및 부서를 명기하며 소속이 없는 경우는 공란으로 둘 것

- 주소 및 연락처 : 오기 없이 정확히 기재

　　※ 이력서　제안서 끝에 첨부(팀원 포함)

○ 아이템 개발 진척도

- 해당 단계에 ∨표 기재

○ 특허출원

- 아이템을 제안하기 전에 특허 DB를 검색하여 타인의 지적재산권을 침해하는 지 여부를 조사하여 문제발생의 소지를 사전에 제거하는 것이 주요함
- 우수 아이템으로 판정되고 타인이 출원하지 않은 아이템에 한해 특허출원을 지원함
- 주관기관에서는 특허검색을 실시하여 그 결과를 평가에 반영할 예정임

○ 입상경력

- 동 아이템에 대한 입상경력을 정확히 기재

　　※ 정부 또는 공공기관이 주최하는 전국대회에서 입상한 경우는 심사에서 제 외, 허위로 기재한 경우는 입상 취소 및 상금 등 환수 조치

○ 제안자의 날인 또는 서명은 인터넷으로 제출시 생략

○ 제안서 내용

- 가급적 제시된 순서로 작성하되 구체적인 내용은 필요한 경우 첨삭
- 객관적 자료에 근거하여 논지를 전개하되, 특히 시장 및 기술동향, 선행기술 및 경쟁제품 등의 검토시 객관적인 데이터 제시 요망

○ 해당사항이 없는 항목에 대해서는 공란으로 둠

2) 제안서 작성시 기타 준수사항

○ 표지 포함 A4 7쪽 이내로 작성

○ 제안서는 한글이나 MS-Word로 작성하며, 본문 글자크기는 12호(Point)
 ※ 그림(사진)자료 삽입시 한글의 경우 그림은 문서에 포함해야 함

○ 제안서 각 쪽의 하단 중앙에 쪽 번호를 기재

○ 참고자료가 있는 경우 그 자료를 간단히 소개(근거, 제목, 형태, 분량 등)

○ 제안서 기재사항을 허위로 작성하거나 필요한 사항을 누락한 경우에는 향후 선발과정에서 불이익을 당할 수 있음

제9장

지식 재산권의 획득

9.1 지식 재산권의 이해

9.2 지식 재산권의 획득의 절차

9.3 발명특허출원을 위한 작성 예

 학습목표

◉ 지식 재산권의 다양한 종류와 권리에 대한 이해를 통하여 개인의 아이디어나 고안을 자산화
  시킬 수 있음을 알게 된다.

◉ 개인의 창의적인 생각과 발명 및 발견 등과 같은 무형의 자산을 이용하여 산업 재산권을 획
  득할 수 있는 절차를 이해시켜 스스로 특허 출원을 통한 자신의 권리를 보장받을 수 있는 지
  식을 제공한다.

◉ 지식재산권의 확보는 개인의 발전은 물론, 국가 원천기술의 확보가 가능한 점에 대한 강조
  와 발명의 생활화 필요성 교육을 통해 아이디어를 공학설계기술 분야에 다양하게 적용할 수
  있다.

9.1 지식 재산권의 이해

지식 재산권이란 특허권, 실용신안권, 디자인권 및 상표권을 총칭하며 산업 활동과 관련된 사람의 정신적 창작물과 연구결과물 및 창작된 방법에 대해 인정하는 독점적 권리인 무체재산권을 말한다.

지식 재산권의 필요성을 크게 구분하면 아래와 같은 3가지로 분류할 수 있다.

(1) 시장에서의 독점적 지위 확보 기능

특허권 등 산업재산권은 독점 배타적인 무체재산권으로 신용의 창출과 소비자와의 신뢰도 향상 및 기술판매를 통한 로열티 수입 등의 기능을 갖고 있다.

(2) 특허분쟁의 사전 예방 기능

자신의 발명 및 개발기술을 적시에 출원하고 권리화하여 예측하지 못한 타인과의 분쟁을 사전에 예방하고, 타인이 자신의 권리를 무단으로 사용할 경우에 적극적으로 대응하여 법적인 보호를 받을 수 있는 기능을 갖고 있다.

(3) 연구개발 투자비 회수 및 향후 추가 기술개발의 원천 기능

막대한 연구기술 개발 투자비를 회수할 수 있는 확실한 수단이며 확보된 권리를 바탕으로 타인과의 분쟁을 방지할 수 있고, 필요시에 추가로 응용 기술의 개발이 가능하며 정부의 각종 정책자금 및 세제지원 혜택을 받을 수도 있다.

WTO의 설립협약 제2조 제8항에 따르면 지식재산권의 범위는 아래와 같다.

💡 문학, 예술적 및 과학적 작품

- 연출, 예술가의 음반 및 방송
- 인간노력의 모든 분야에서의 발명
- 과학적 발명
- 산업디자인
- 등록상표, 서비스마크, 상호 및 기타명칭
- 부정경쟁방지에 대한 보호 등에 관한 권리와 공업, 과학, 문학 또는 예술분야의 지적 활동에서 발생하는 기타 모든 권리로 구성

산업재산권은 새로운 발명·고안에 대하여 그 창작자에게 일정기간 동안 독점배타적인 권리를 부여하는 대신, 이를 일반에게 공개하여야 하며 일정 존속기간이 지나면 누구나 이용·실시하도록 함으로써 기술진보와 산업발전을 추구하는 순기능을 갖고 있다.

최근에 새로 제정된 신지식재산권이란 과학기술의 급속한 발전과 사회여건의 변화에 따라 종래의 지식재산법규의 보호범주에 포함되지는 않았으나 현재 경제적인 가치를 지닌 지적창작물을 의미하는 것이다. 이것은 영업비밀, 컴퓨터 프로그램, 반도체칩 배치설계도, 동식물 신품종, 유전자 조작기술 등과 같은 분야의 재산권을 주장할 수 있는 것으로 국제무대에서 지적재산권으로 확고한 위치를 확보할 것으로 전망된다.

특허란 아직까지 없었던 물건이나 그 물건을 만드는 방법을 최초로 발명한 것을 말하며, 현행법에 의하면 특허는 등록이 완료되면 출원일로부터 20년 간 보호받을 수 있다.

특허권은 발명자가 법에 따라 일정한 절차를 밟고 우리나라 특허청이 그 권리를 확인해주어야 비로소 권리가 발생하여 법으로 보호되는 방식이며, 발명은 우리말 사전에 '전에 없었던 물건 또는 방법을 새로 만들어 냄'이라고 정의되어 있고, 특허법에는 '자연법칙을 이용한 기술적 사상의 창작으로 고도의 것'이라고 규정하고 있다.

그러면 이러한 규정을 근거로 무엇을 발명으로 보아야 하는지 특허법을 중심으로 표현하면 아래와 같다.

첫째, 발명은 자연법칙을 이용한다는 것이다.

자연법칙이란 자연계에 존재하는 원리나 법칙 등을 지칭하는 것으로 자연과학에서 다루는 원리나 법칙, 규칙성 등이 모두 포함된다.

예를 들면, 빛이 한 매질에서 다른 매질로 진행할 때에는 그 경계면에서 굴절한다는 과학적 원리를 순수 과학적 발견이라고 한다면, 이를 바탕으로 만든 렌즈와 렌즈를 이

용한 각종 광학기구들은 응용과학으로 이러한 응용에 관한 아이디어는 발견이 아닌 발명에 속하는 것이 된다.

둘째, 발명은 기술적 사상의 창작이어야 한다.

기술적 사상의 창작이라고 하는 것은 기술적으로 유용해야 하며 또 독창적인 아이디어이어야 한다는 뜻으로, 이는 발명이 단순한 손재주가 아니라 고도의 정신적 창작물이라는 의미이며, 발명을 위해서는 인간의 창조적인 사고 활동이 반드시 포함되어 있어야 한다.

따라서, 독창적인 아이디어라고 하더라도 발명으로서 가치가 있으려면 현재의 기술적 문제를 해결하거나 생활에 도움이 될 수 있는 것이어야 한다.

셋째, 발명은 고도의 것이어야 한다.

'고도의 것'이란 의미는 해당되는 발명의 기술 분야에서 기술 수준의 정도가 높은 것을 의미하는 것으로 이는 발명에 관련된 기술의 수준이 현재의 기술보다 낮은 수준에 있다면 발명으로 볼 수 없다는 뜻이다.

따라서, 어떤 발명이 상품화되었을 때, 그 기능이 같은 용도로 쓰이는 다른 물건에 비하여 능률이나 효용성에서 뒤진다면 이는 발명으로 볼 수 없다.

9.2 지식 재산권 획득의 절차

특허제도는 특허법 제1조에 '발명을 보호 장려하고 그 이용을 도모함으로써 기술의 발전을 촉진하여 산업발전에 이바지함을 목적으로 한다.' 라고 규정하고 있는데, 이는 산업재산권 제도가 발명자에게 발명에 대하여 한시적으로 독점적이고 배타적인 재산권을 부여하여, 발명을 보호하고 장려하는 한편, 해당 발명을 공개하게 함으로써 발명의 이용을 통하여 산업의 발전에 기여하게 하는 목적을 가지고 있다.

따라서, 이러한 특허제도를 신기술 보호제도, 발명 장려제도 또는 사적독점 보장제도라고도 말한다.

(1) 발명특허의 요건

발명특허권이란 발명을 한 자에게 부여되는 권리이며, 발명이란 자연법칙을 이용한 기술적 사상의 창작으로서 고도의 것을 의미하기 때문에, 자연법칙을 이용하지 않은 자연법칙 그 자체인 만유인력의 법칙 등은 발명으로 인정받을 수 없다. 또한, 새롭게 만들어 낸 창작이라고 볼 수 없을 정도로 명확한 사실은 발명이 아니며, 창작을 하였더라도 해당 분야의 전문가가 쉽게 생각할 수 있는 것 또한 발명이라고 볼 수 없다.

따라서, 개인이 어떠한 발명을 하였더라도 특허청의 일정 서식에 의해, 발명의 내용을 실은 특허출원서를 제출한 후, 엄격한 심사를 거쳐야만 특허를 받을 수 있으며, 아래에 해당하는 경우에는 특허를 받을 수 없다.

- 이미 국내에 널리 알려져 있거나 현재 실시 또는 사용되고 있는 발명이나 국내외의 간행물에 기재된 발명은 특허를 받을 수 없다. 즉 신규성이 있어야 한다는 의미이다.
- 새로운 발명이라도 해당분야에 종사하는 사람이 누구나 생각해낼 수 있는 것은 특허를 받을 수 없다. 즉, 기술의 진보성이 인정되어야 한다.
- 산업에 적용할 수 있는 것이어야 한다. 이는 일반적으로 학술적, 실험적으로밖에 이용할 수 없는 경우는 제외되며, 반드시 산업에 응용함으로써 새로운 가치를 창조할 수 있는 발명인 경우에만 특허로 인정받을 수 있다. 즉, 산업상 이용가능성이 있어야 한다는 의미이다.
- 화폐위조기, 도박기구 등과 같은 공공의 질서를 문란하게 하는 발명은 특허를 받을 수 없다.

(2) 특허출원서의 작성

특허를 출원하기 위해서는 특허출원서와 요약서 및 상세 설명서를 서면 출원 또는 전자출원 방식에 의해 작성하여 제출하면 된다. 특허출원서는 출원서 표지(발명자, 출원인, 출원일 등 서지적 사항 기재), 명세서(발명의 명칭, 발명의 상세한 설명, 특허를 받고자 하는 부분을 의미하는 특허청구범위를 기재), 도면, 발명의 개요를 적은 요약서로 구성되어 있는데 아래의 양식에 따라 기본적인 사항을 작성해보자.

특허출원서의 양식

【서류명】특허출원서

【수신처】'특허청장'을 기재한다.

(【참조번호】) 동시에 2개 이상의 출원을 할 때 1 등과 같은 일련번호를 기재한다.

(【제출일자】) 서류를 제출하는 날짜를 2007. 09. 01. 과 같이 기재한다.

【국제특허분류】국제특허분류중 적절한 분야를 'A61K' 등과 같이 선택하여 기호로 기재한다.

【발명의 국문명칭】'자동차용 파워 윈도 안전장치'등과 같이 명칭을 기재한다.

【발명의 영문명칭】'Power Window Safety Device'등과 같이 명칭을 기재한다.

【출원인】

【성명(명칭)】'강동명'과 같이 성명을 기재한다.

【출원인코드】'1-2007-009001-2'등과 같이 부여받은 코드를 기재한다.

【대리인】

【성명(명칭)】'특허법인 동명'과 같은 변리사의 성명 또는 소속 기관명을 기재한다.

【대리인코드】'특허법인의 대리인 코드'를 기재한다.

(【지정된 변리사】) '변리사 이해병'등과 같은 지정 변리사명을 기재한다.

(【포괄위임등록번호】) '포괄위임을 받았을 경우의 등록번호'를 기재한다.

【발명자】

【성명】'강동명'등과 같이 발명자를 기재하며, 여러 명일 경우에는 각각 기재한다.

【출원인코드】'1-2007-009001-2'등과 같이 부여받은 코드를 기재한다.

(【우선권주장】

【출원국명】'JP 또는 US'등과 같이 기재한다.

【출원종류】'특허 또는 실용신안'등과 같이 기재한다.

【출원번호】'우선권 주장을 한 국가의 출원번호'를 기재한다.

【출원일자】'2007. 09. 01'등과 같이 기재한다.

【증명서류】) '첨부 또는 미첨부'로 상황에 따라 기재한다.

(【심사청구】)

(【조기공개】)

【취지】 특허법 제42조의 규정에 의하여 위와 같이 출원합니다.

출원인(대리인)　　　　　(인)

　　　【수수료】

　　　　　【기본출원료】　　　　　면　　　　　원

　　　　　(【가산출원료】　　　　　면　　　　　원)

　　　　　(【우선권주장료　　　　　건　　　　　원)

　　　　　(【심사청구료】　　　　　항　　　　　원)

　　　　　【합계】　　　　　　　　　　　　원

　　　　　(【감면(면제)사유】

　　　　　【감면(면제)후 수수료】　　　　　원)

　　(【기술이전】

　　【기술양도】

　　【실시권허여】

　　【기술지도】)

　　(【이 발명을 지원한 국가연구개발사업】

　　　　　【과제고유번호】

　　　　　【부처명】

　　　　　【연구사업명】

　　　　　【연구과제명】

　　　　　【주관기관】

　　　　　【연구기간】)

【첨부서류】1. 요약서 · 명세서 · 도면 각 1통

　　　　　2. 대리인에 의하여 절차를 밟는 경우 그 대리권을 증명하는 서류 1통

　　　　　3. 기타 법령의 규정에 의한 증명서류 1통

☼ 요약서의 양식

【요약서】

【요약】

　　　(발명의 내용을 축약한 내용을 기재)

【대표도】

　　　(도면 중 대표가 될 수 있는 도면 번호만 기재)

【색인어】

　　　(명세서에 포함된 중요한 단어 10개 이내를 기재)

☼ 명세서의 양식

【명세서】

【발명의 명칭】

【도면의 간단한 설명】

【발명의 상세한 설명】

【발명의 목적】

【발명이 속하는 기술분야 및 그 분야의 종래 기술】

　　　【발명이 이루고자 하는 기술적 과제】

　　　【발명의 구성】

【발명의 효과】

【특허청구범위】

【청구항 1】

💡 **별지 제12호 서식 ; 도면의 양식**

【도면】
【도 1】

(3) 특허출원서의 처리 과정

특허출원은 우편출원과 전자출원의 방법 중에서 본인이 결정하여 신청을 할 수 있다. 최근에는 특허청의 홈페이지(http://www.kipo.go.kr)에 출원과 관련된 자세한 내용의 정보가 많이 제공되고 있기 때문에 큰 어려움이 없지만, 아쉬운 점이라면 사용되고 있는 용어나 문장의 표현 방식 또는 양식 등이 과거의 내용을 그대로 답습하고 있어 처음 대하는 경우에는 접근이 쉽지 않은 것도 사실이다.

이러한 경우에는 전문 변리사를 대리인으로 지정하여 출원을 할 수 있지만, 이 경우에는 일정 금액의 비용이 지출되어야 하는 문제가 있기 때문에 본인이 판단하여 결정할 문제이다.

특허출원을 우편으로 할 경우의 일반적인 절차는 선등록 기술조사(선행기술조사) → 출원인 등록 → 출원서 작성 → 접수 및 수수료 납부 → 출원번호 통지서 수령 → 출원공개 → 심사 → 등록료 납부 순이다.

이때 출원인 등록은 출원하는 본인의 코드를 특허청으로부터 공인받기 위한 절차인데, 특허청의 홈페이지에 접속하여 전자출원 부분의 사전등록절차에 접속하여 출원인 코드 신청을 하면 된다. 즉, 주어진 양식에 맞게 입력한 후 인감을 스캐닝하여 첨부하면, 약 1시간 정도가 소요된 후 조회란에서 출원인코드 부여 여부를 확인할 수 있다.

이와 같이 부여받은 출원인 코드는 발명특허출원 뿐만 아니라 실용신안출원, 의장출원, 상표출원 등 모든 서류의 작성에 있어 필수적인 사항이다.

① 선행기술조사

해당 발명에 대한 타인의 선출원 여부와 등록 여부를 본인이 출원하기 이전에 확인하는 과정으로 인터넷을 이용하여 조사가 가능하고 필요시에는 대행 업체를 활용하여도 된다.

② 출원서의 작성

출원 서류의 양식에 따라 본인이 발명 또는 고안한 내용을 공개된 특허 공보 또는 작성 예 등을 고려하여 충실하게 서술하여야 하며, 이때 중요한 점은 심사관은 물론 일반인들도 쉽게 이해가 될 수 있도록 작성하여야 한다.

③ 구비 서류

출원서 외에 요약서, 명세서, 도면 등을 각 1부씩 첨부하여 제출하여야 한다. 그 외에도 변리사 등을 대리인으로 지정한 경우에는 관련 서류를 첨부하여야 하며, 필요시 법령에 의한 증명서류를 제출하면 된다. 단, 방법 특허인 경우에는 도면을 생략할 수 있다.

④ 수수료의 납부

우편 접수시에는 소정의 수수료를 통상환으로 교환하여 출원서류에 첨부하여 제출하고, 전자출원의 경우에는 온라인 납부가 가능하다.

⑤ 출원번호통지서 수령

접수일로부터 약 10일 정도가 경과하면 특허청에서는 우편으로 통지서를 송부해 주며, 출원 후에 주소 등이 변경되었을 경우에는 반드시 특허청에 출원인 정보변경 신고서를 제출하여야 한다.

⑥ 출원공개

출원된 서류는 출원일로부터 18개월이 경과하면 자동적으로 공개된다. 그러나 본인이 희망할 경우에는 조기출원공개를 신청하면 3~4개월 경과 후 공개가 된다.

⑦ 심사청구 및 심사

심사관은 심사 청구된 순서에 따라 등록 여부를 결정하기 위한 심사를 수행하며, 만약에 거절 이유가 발생할 경우에는 의견제출 통지서를 보낸다.

그 외에 특허 등록이 결정되면 등록료를 납부하는 절차가 있으며, 일반적인 특허 출원서의 처리 과정을 나타내면 아래와 같다.

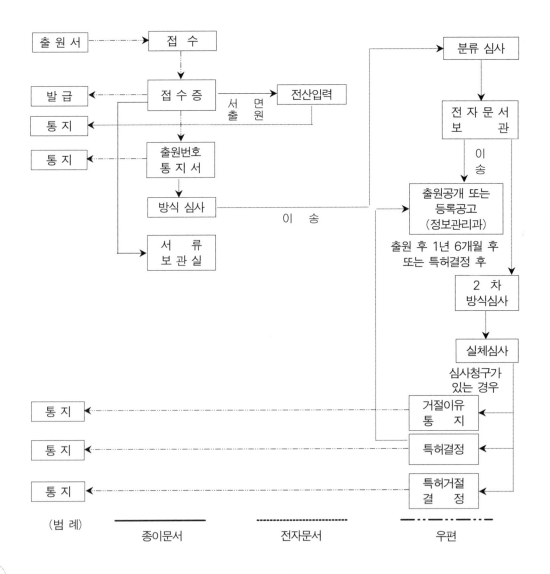

발명특허출원을 위한 작성 예

본 내용은 발명특허권을 획득하기 위하여 현재 특허청에 등록 출원을 한 내용(출원번호 ; 10-2006-0129883, 출원일 ; 2006. 12. 19)으로 현재 심사 단계에 있음에도 불구하고 학생들의 효율적인 이해를 돕기 위하여 제시하는 내용임을 이해하고 무단 전제 또는 교수학습활동 이외의 어떠한 경우에도 활용할 수 없음을 전제한다.

【요약서】
【요약】

본 발명은 탑승자가 차량 도어의 윈도를 닫을 때 발생될 수 있는 안전사고로부터 탑승자를 보호할 수 있는 차량의 파워 윈도(Power Window) 안전장치 및 그 제어방법을 제공한다. 이와 같은 차량의 파워 윈도 안전장치는 센싱 스케일(Sensing Scale), 윈도 위치 감지구, 제어기를 구비하여 이루어진다.

본 발명은 구성품들이 서로 결합된 모듈형태로 이루어져 도어의 내부공간에 독립적으로 설치되고, 센싱 스케일과 윈도 위치 감지구 중 어느 하나는 도어윈도에 고정되어 도어윈도와 일체로 이동하면서 일종의 리니어 엔코더(Linear Encoder)의 기능을 수행하여 도어윈도의 이동정보를 정밀하게 감지하게 된다.

이와 같은 차량의 파워윈도 안전장치에서 센싱 스케일은 도어(Door)의 창틀 아래로 형성된 내부공간의 상하단 사이에 일정 길이로 입설되고, 슬릿(Slit)이 일정한 피치로 상하방향으로 형성된다. 그리고 윈도 위치 감지구는 일정크기의 케이스에 발광 소자와 수광 소자가 서로 일정간격으로 마주보며 설치되고, 센싱 스케일을 사이에 두고 발광 소자와 수광 소자가 위치되어 발광 소자에서 발생된 광이 슬릿을 통과하여 수광 소자에 수광되어 발생한 펄스신호를 감지하도록 한다.

또한 제어기는 윈도 위치 감지구에서 펄스신호의 형태로 입력된 윈도위치정보를 이용하여 도어 윈도를 구동시키는 구동모터의 동작을 제어하여 도어 윈도의 승하강을 제어한다.

【대표도】

도 1

【색인어】

파워 윈도 장치, 발광 소자, 수광 소자, 센싱 스케일, 도어 윈도

【명세서】

【발명의 명칭】

차량의 파워 윈도 안전장치 및 그 제어 방법 [A Safety Apparatus for Power Windows and its Control Methods]

【도면의 간단한 설명】

도 1은 본 발명에 따른 파워 윈도 안전장치의 일실시 예를 도시한 개략도
도 2는 본 발명에 따른 파워 윈도 안전장치의 일실시 예를 도시한 단면도
도 3은 본 발명에 따른 파워 윈도 안전장치의 다른 실시 예를 도시한 단면도이다.

도면의 주요부분에 대한 부호의 설명

10, 10′ : 센싱 스케일   12 : 슬릿

20, 20′ : 윈도 위치 감지구   21 : 케이스

22, 22′ : 발광 소자   24, 24′ : 수광 소자

26 : 감김 장치   28 : 태엽 스프링

30 : 제어기   32 : 설정 스위치

40 : 브라켓(Bracket)   50, 50′ : 고정판

60 : 구동 모터(Driving Motor)   62 : 승강판

64 : 가이드대(Guide Frame)   66 : 와이어

100, 100′ : 파워 윈도 안전장치   200 : 도어

210 : 도어 윈도   220 : 창틀

230 : 내부 공간   240 : 외부 패널

【발명의 상세한 설명】

【발명의 목적】

【발명이 속하는 기술 분야 및 그 분야의 종래기술】

본 발명은 차량의 파워 윈도 안전장치 및 그 제어방법에 관한 것으로, 좀 더 구체적으로는 도어의 내부 공간에 독립적으로 설치하되 도어 윈도에 고정되어 일체로 이동하면서 도어 윈도의 이동 상태를 정밀하고 정확하게 센싱하는 차량의 파워 윈도 안전장치 및 그 제어방법에 관한 것이다.

차량의 파워 윈도 안전장치는 전기 모터에 의해 도어 윈도를 상승시키거나 하강시키는 파워 윈도 장치의 사용과정에서 도어 윈도와 창틀 사이에 신체의 일부분이 끼어 있는 상태에서 상기 도어 윈도가 자동으로 상승함으로써 상해를 입게 되는 일을 방지하기 위한 장치이다.

이와 같은 파워 윈도 안전장치는 다양한 구성으로 차량의 도어에 설치되는데, 발광다이오드나 포토트랜지스터와 같은 광소자를 이용하여 도어 윈도의 이동 상태를 직접 감지하거나, 도어 윈도에 끼인 물체를 직접 감지하는 방식이 대부분이다.

도어 윈도의 이동 상태를 직접 감지하는 방식은 대한민국 실용신안공보 공개번호 실1999-0025771 '파워 윈도 안전장치'에 개시되고 있다.

상기 파워 윈도 안전장치는 차량 시동에 따라 온(On) 상태로 스위칭되는 이그니션 스위치와, 이 이그니션 스위치가 온이 된 상태에서 업(Up) 또는 다운(Down)의 스위칭 동작에 따라 소정의 전원을 출력하는 윈도 스위치와, 이 윈도 스위치의 스위칭 동작에 따라 출력되는 전원을 입력받아 파워 윈도의 전반적인 동작을 제어하는 마이컴과, 이 마이컴의 제어신호에 따라 접점동작으로 모터에 구동전원을 인가하고 모터의 부하를 감지하는 파워 릴레이 스위치부와, 상기 이그니션 스위치가 온 상태로 스위칭됨에 따라 일

정한 전원을 인가받아 점등되는 발광다이오드와, 이 발광다이오드에서 발광되는 빔을 수
광함에 따라 스위칭 동작하는 다수의 포토트랜지스터와, 상기 이그니션 스위치의 후단에
접속되어 윈도의 상승동작으로 스위칭됨에 따라 그 신호를 마이컴으로 인가하는 리미트
스위치로 이루어져 있다.

여기서, 상기 발광다이오드는 도어 내부의 연동부재 쪽에 설치되고, 상기 포토트랜지
스터는 발광다이오드와 대향되는 도어 내측에 다수 개 설치되는데, 상기 포토트랜지스터
는 일정크기를 가짐으로써 도어 내측에 설치되는 상기 포토트랜지스터의 개수에는 한계
가 있어 도어 윈도의 이동 상태를 정밀하게 측정할 수 없었다.

또한, 이를 극복하기 위하여 상기 발광다이오드와 포토트랜지스터의 크기를 초소형으
로 하고, 포토트랜지스터는 도어 내측에 일렬로 조밀하게 설치할 시에는 부품구입 비용
이 현저하게 증대되는 문제가 있었다.

따라서, 현재에는 도어 윈도를 승강시키는 구동모터에 홀센서(Hall Sensor)나 로터리
엔코더(Rotary Encoder)가 부착되어 상기 홀센서나 로터리 엔코더에 의해 구동 모터의
회전정보가 센싱되도록 하고 있는데, 이는 도어 윈도의 이동 상태를 직접 감지하는 방
식이 아니라 구동모터의 회전정보를 통해 도어 윈도의 이동 상태를 간접적으로 감지하
는 방식이어서 도어 윈도의 이동 상태를 정확하고 정밀하게 감지하기에는 한계가 있었
으며, 구동 모터 자체의 결함이나 오동작, 또는 외부 잡음에 의한 홀센서나 로터리 엔코
더의 신호교란 등이 수시로 발생하여 기기가 오동작하는 경우가 많았다.

다음으로, 도어 윈도에 끼인 물체를 직접 감지하는 방식은 대한민국 실용신안공보 공
개번호 실1999-0015524 '차량의 파워 윈도 안전장치'에서 개시되고 있다.

상기 차량의 파워 윈도 안전장치는 차량의 배터리 전원이 인가되는 윈도 스위치의 조
작에 연동되어 장착되는 글라스를 상승 또는 하강시키는 모터와, 상기 도어의 인너 웨더
스트립 일측면에 상기 글라스가 가이드되는 방향으로 일정한 간격을 유지하며 설치되는
다수개의 발광부와, 상기 도어의 인너 웨더 스트립 타측면에 상기 글라스가 가이드되는
방향으로 상기 발광부와 대응되도록 일정한 간격을 유지하며 설치되는 다수개의 수광부
와, 상기 차량의 점화스위치가 온된 상태에서 상기 발광부와 수광부사이의 광이 차단되면
상기 윈도 스위치에 인가되는 배터리 전원을 차단하는 회로를 포함하여 구성된다.

이와 같이 상기 차량의 파워 윈도 안전장치는 발광부에서 수광부로 입사되고 있는 광
의 차단유무로 도어 윈도에 신체가 끼여 있음을 판별하는데, 도로상에서 빈번하게 차량
으로 입사되는 외부 광선에 의해 발광부에서 입사되는 광이 교란되어 기기가 오동작하

게 되는 문제가 있었다.

또한, 상기 차량의 파워 윈도 안전장치는 도어 윈도에 끼이게 되는 신체부위가 머리나 팔과 같이 부피가 비교적 큰 경우에는 이를 정상적으로 감지하더라도, 손과 같이 부피가 비교적 작은 경우에는 이를 감지하지 못하는 경우가 많았다.

그리고, 도어 윈도에 끼이는 물체를 감지하는 정밀도를 높이기 위해서 상기 발광부와 수광부를 이루는 소자를 도어의 인너 웨더 스트립에 조밀하게 설치하게 되면, 부품구입 비용이 현저하게 증대되었으며, 차량의 외관도 나빠지게 되는 문제가 있었다.

현재까지 안출된 차량의 파워 윈도 안전장치는 상기와 같이 부하나 물체를 감지하는 정밀도와 정확성이 떨어지는 문제와 함께, 장치를 구성하는 각종 부품들이 차량의 도어의 내외측 패널이나 도어를 구성하는 부품들에 직접 부착되거나 고정됨으로써, 차량의 파워 윈도 안전장치를 차량에 설치하는 과정이 번거롭고 복잡하였으며, 이에 따라 설치 및 보수에 어려움이 따랐다.

또한, 차량의 기종에 따른 도어 윈도 동작시스템의 차이로 인해 도어의 내부구성과 회로구성이 달라지면, 파워 윈도 안전장치의 설치구성 및 회로구성도 이에 맞추어 달라질 수 밖에 없었는데, 이에 따라 차량의 기종에 관계없이 간편하고 효율적으로 설치하여 보수할 수 있는 파워 윈도 안전장치의 개발이 요구되고 있는 실정이라 하겠다.

【발명이 이루고자 하는 기술적 과제】

따라서 본 발명은 이와 같은 종래 기술의 문제점을 개선하여, 도어의 내부 공간에 독립적으로 설치되도록 구성부품들이 집합되어 결합된 모듈형태로 이루어져 차량에 대한 장착성이 증대될 수 있는 새로운 형태의 차량의 파워 윈도 안전장치 및 그 제어방법을 제공하는 것을 목적으로 한다.

특히, 본 발명은 도어 윈도에 직접 고정되어 일체로 이동하면서 도어 윈도의 이동 상태를 정밀하고 정확하게 센싱할 수 있는 새로운 형태의 차량의 파워 윈도 안전장치 및 그 제어방법을 제공하는 것을 목적으로 한다.

【발명의 구성】

상술한 목적을 달성하기 위한 본 발명의 특징에 의하면, 본 발명은 차량의 파워 윈도 안전장치에 있어서, 도어의 창틀 아래로 형성된 내부 공간의 상하단 사이에 일정 길이로 입설되고, 슬릿(Slit)이 일정한 피치로 상하방향으로 형성된 센싱 스케일;

일정크기의 케이스에 발광 소자와 수광소자가 서로 일정간격으로 마주보며 설치되고, 상기 센싱 스케일을 사이에 두고 상기 발광 소자와 상기 수광 소자가 위치되어 상기 발광 소자에서 발생된 광이 상기 슬릿을 통과하여 상기 수광 소자에서 수광되며 발생한 펄스신호를 감지하는 윈도 위치 감지구와;

상기 윈도 위치 감지구에서 펄스신호형태로 입력된 윈도 위치정보를 이용하여 도어 윈도를 구동시키는 구동 모터의 동작을 제어하여 도어 윈도의 승하강을 제어하는 제어기를 포함하여 구성됨을 제어함을 특징으로 한다.

이와 같은 본 발명에 따른 차량의 파워 윈도 안전장치에서 상기 윈도 위치 감지구는 상기 도어의 내부 공간 하단에 고정되고, 내부에 태엽스프링으로 이루어진 감김장치를 더 구비하여 상기 센싱 스케일의 하단이 결합되며, 상기 센싱 스케일은 상기 도어 윈도의 하단에 고정된 브라켓에 상단이 고정되어 상기 도어 윈도와 함께 이동하면서 도어 윈도의 이동상태를 상기 윈도 위치감지구가 센싱하도록 구성할 수 있다.

이와 같은 본 발명에 따른 차량의 파워 윈도 안전장치에서 상기 센싱 스케일은 도어의 내부공간 상하단에 고정되고, 상기 윈도 위치감지구는 도어 윈도의 하단에 고정된 브라켓에 결합되어 도어 윈도와 함께 상기 센싱 스케일을 따라 상하로 이동하면서 도어 윈도의 이동상태를 센싱하도록 구성할 수 있다.

이와 같은 본 발명에 따른 차량의 파워 윈도 안전장치에서 상기 제어기는 사용자에 의해 조작되는 설정 스위치를 구비하여 도어의 외부 패널에 설치될 수 있다.

상술한 목적을 달성하기 위한 본 발명의 다른 특징에 의하면, 본 발명은 센싱 스케일과, 윈도 위치감지구 및 제어기로 이루어진 차량의 파워 윈도 안전장치를 제어함에 있어서, 상기 제어기에 구비된 설정 스위치를 사용자가 온(On)시키면 제어기에서 초기설정모드가 실행되고, 초기설정이 끝나면 설정 스위치를 다시 온(On)시키기 전까지 제어기에서 일반 실행모드가 실행된다.

상기 초기설정 모드에서는 상기 도어 윈도를 일회 상승시켜 상기 도어 윈도의 매순간 이동정보를 상기 센싱 스케일과 상기 윈도감지구로 센싱하여 이를 펄스신호의 주기와 횟수 형태로 상기 제어기의 메모리에 기준값으로 저장하고, 상기 일반실행 모드에서는 상기 제어기의 메모리에 기준값으로 저장된 도어 윈도 이동정보에 해당되는 펄스신호의 주기 및 횟수와, 현재 상승하고 있는 상기 도어 윈도를 상기 센싱 스케일과 상기 윈도 위치 감지구로 센싱하여 발생한 펄스신호의 주기 및 횟수를 비교하여 기준이 되는 펄스 신호의 주기나 횟수보다 현재 발생되는 펄스신호의 주기나 횟수가 작으면 상기 도어 윈도를 일정높이로 하강시키는 것을 특징으로 한다.

상술한 목적을 달성하기 위한 본 발명의 또 다른 특징에 의하면, 본 발명은 센싱 스케일과, 윈도 위치감지구 및 제어기로 이루어진 차량의 파워 윈도 안전장치를 제어함에 있어서, 상기 도어 윈도가 상승할 때마다 상기 도어 윈도의 매순간 이동정보를 펄스신호의 형태로 상기 센싱 스케일과 상기 윈도감지구로 센싱하지만, 상기 도어 윈도가 장애물이 없이 정상적으로 일회 상승하여 닫히게 되면, 이에 해당되는 도어 윈도의 이동정보를 상기 제어부의 메모리에 기준값으로 저장하여 매회 기준값이 갱신되도록 하고, 현재 기준값으로 저장된 도어 윈도 이동정보에 해당되는 펄스신호의 주기 및 횟수와 현재 상승하고 있는 상기 도어 윈도에 의해 발생되는 펄스신호의 주기 및 횟수를 비교하여 기준이 되는 펄스신호의 주기나 횟수보다 현재 발생되는 펄스신호의 주기나 횟수가 작으면 상기 도어 윈도를 일정 높이로 하강시키는 것을 특징으로 한다.

이와 같은 본 발명에 따른 차량의 파워 윈도 안전장치의 제어방법에서 상기제어기는 기준이 되는 펄스신호의 총 입력횟수와 현재 발생되어 카운팅(Counting)되는 펄스신호의 입력횟수가 동일하게 되면 상기 도어 윈도가 완전히 닫힌 것으로 판단하여 상기 구동모터의 작동을 정지시킨다.

본 발명에 따른 차량의 파워 윈도 안전장치 및 그 제어방법은 전기모터에 의해 자동으로 도어 윈도가 상승하는 과정에서 도어 윈도에 탑승자의 신체가 끼이게 되면, 도어 윈도를 정지시키고 일정 높이로 하강시켜 안전사고가 방지되도록 하는 것이다.

이와 같은 본 발명에 따른 차량의 파워 윈도 안전장치 및 그 제어방법은 정밀하게 도어 윈도의 이동정보를 센싱할 수 있고, 차량의 도어 내부 공간에 독립적으로 설치될 수 있도록 특별히 구성된 센싱 스케일와 윈도 위치감지구를 구비하는 것을 기술적 특징으로 한다.

이와 같은 차량의 파워 윈도 안전장치 및 그 제어방법은 도어 윈도에 고정되어 일체로 이동하면서 정밀하고 정확하게 도어 윈도의 이동정보를 센싱하게 된다.

또한, 본 발명에 따른 차량의 파워 윈도 안전장치는 도어의 내부 공간에 독립적으로 설치되어 도어 윈도 및 구동 모터와 연결되어 설치 및 보수가 용이하게 이루어진다.

이하, 본 발명의 일실시 예를 첨부된 도면 도 1 내지 도 3에 의거하여 상세히 설명하며, 도 1 내지 도 3에 있어서 동일한 기능을 수행하는 구성 요소에 대해서는 동일한 참조 번호를 병기한다.

한편, 각 도면 및 상세한 설명에서 일반적인 차량의 파워 윈도 안전장치로부터 이 분야의 종사자들이 용이하게 알 수 있는 구성 및 작용에 대한 도시 및 언급은 간략히 하거나 생략하였다.

특히 도면의 도시 및 상세한 설명에 있어서 본 발명의 기술적 특징과 직접적으로 연관되지 않는 요소의 구체적인 기술적 구성 및 작용에 대한 상세한 설명 및 도시는 생략하고, 본 발명과 관련되는 기술적 구성만을 간략하게 도시하거나 설명하였다.

그리고 도면의 도시에 있어서 요소들 사이의 크기 비가 다소 상이하게 표현되거나 서로 결합되는 부품들 사이의 크기가 상이하게 표현된 부분도 있으나, 이와 같은 도면의 표현 차이는 이 분야의 종사자들이 용이하게 이해할 수 있는 부분들이므로 별도의 설명을 생략한다.

도 1은 본 발명에 따른 파워 윈도 안전장치의 일실시예를 도시한 개략도이며, 도 2는 본 발명에 따른 파워 윈도 안전장치의 일실시예를 도시한 단면도이고, 도 3은 본 발명에 따른 파워 윈도 안전장치의 다른 실시예를 도시한 단면도이다.

도 1 내지 도 3을 참조하면, 본 발명에 따른 차량의 파워 윈도 안전장치(100)(100′)는 센싱 스케일(10)(10′), 윈도 위치감지구(20)(20′), 제어기(30)로 이루어진다.

본 발명에 따른 차량의 파워 윈도 안전장치(100)(100′)의 기술적 특징은 센싱 스케일(10)(10′)과 윈도 위치감지구(20)(20′) 및 제어기(30)가 서로 결합되어 모듈을 이루는 일종의 광전식 리니어 엔코더 장치를 구성함에 있다.

센싱 스케일(10)(10′)은 복수개의 슬릿(12)이 일정피치로 일직선을 이루며 형성되어 광전식 리니어 엔코더의 스케일의 역할을 수행하고, 윈도 위치감지구(20)(20′)는 발광 소자(22)(22′) 및 수광 소자(24)(24′)를 구비하여 리니어 엔코더의 센서 역할을 수행하게 된다.

즉, 본 발명에 따른 센싱 스케일(10)(10′)은 윈도 위치감지구(20)(20′)를 이루는 발광 소자(22)(22′) 및 수광 소자(24)(24′) 사이에 위치하여 슬릿(12)을 통하여 발광 소자(22)(22′)의 광이 수광 소자(24)(24′)로 입사되도록 하는데, 발광 소자(22)(22′)에서 나온 광이 슬릿(12)이 형성되어 있지 않는 센싱 스케일(10)(10′)의 폐쇄된 막을 거쳐 개방된 슬릿(12)을 반복적으로 통과하면서 발생되는 펄스신호를 수광 소자(24)(24′)로 센싱하여 이를 본 발명에 따른 제어기(30)에 입력함으로써 도어 윈도(210)의 이동정보를 센싱하게 된다.

여기서, 센싱 스케일(10)(10′)과 윈도 위치감지구(20)(20′) 중 어느 하나가 도어 윈도(210)에 고정되어 일체로 이동하게 되는데, 도 1과 도 2에서는 센싱 스케일(10)이 도어 윈도(210)에 고정되는 구성이 도시되어 있고, 도 3에서는 윈도 위치감지구(20′)가 도어 윈도(210)에 고정되는 구성이 도시되어 있다.

먼저, 도 1과 도 2에서 보는 바와 같이, 본 발명에 일실시예에 따른 차량의 파워 윈도 안전장치(100)에서 센싱 스케일(10)은 도어 윈도(210)와 윈도 위치감지구(20)에 상하단이 고정되고, 윈도 위치감지구(20)는 도어(200)의 내부 공간(230) 하단의 고정판(50)에 고정된다.

여기서, 센싱 스케일(10)은 도어 윈도(210)의 하단면에 고정된 브라켓(40)에 고정클립과 같은 고정구나 용접 등으로 상단이 고정되어 도어 윈도(210)와 일체로 상하 이동하게 된다.

이와 같은 센싱 스케일(10)은 도어(200)의 내부 공간(230)에 상하단 길이방향으로 입설되는데, 도어 윈도(210)가 도어(200)의 내부 공간(230)을 상하로 이동하는 거리와 동일한 길이나 이보다 조금 큰 길이로 되어 있다.

센싱 스케일(10)에 형성된 슬릿(12)은 윈도 위치감지구(20)의 발광 소자(22)에서 나온 광이 수광 소자(24)에 원활히 입사될 정도의 미세한 크기로 이루어지고, 슬릿(12)간의 피치간격도 미세하게 하여 슬릿(12)이 조밀하게 나열되도록 한다.

이는 일정길이의 센싱 스케일(10)에 형성된 슬릿(12)의 개수가 많아질수록 광이 슬릿(12)을 통과하며 발생시키는 펄스신호의 횟수가 많아져 도어 윈도(210)의 이동정보가 더욱 정밀하고 정확하게 센싱되기 때문이다.

여기서, 센싱 스케일(10)은 두께가 얇고 폭이 좁은 박판소재를 사용하여 도어 윈도(210)에 센싱 스케일(10)이 고정되더라도 부하가 최소화되어 구동 모터(60)의 추가적인 전력소모가 최소화된다.

또한, 상기 센싱 스케일(10)은 하단이 윈도 위치감지구(20)에 설치된 태엽스프링(28)과 연결되는데, 이에 따라 상기 센싱 스케일(10)이 도어 윈도(210)와 일체로 하강하게 되면, 상기 태엽스프링(28)의 탄성력에 의해 감김장치(26)로 당겨지면서 감김장치(26)를 이루는 축에 감기게 된다. 이 경우 상기 센싱 스케일(10)은 폭이 좁고 길이가 긴 박판소재로 되어 있어 상기 감김장치(26)에 원활하게 감기거나 풀리게 된다.

상기 센싱 스케일(10)과는 달리 도어(200)의 내부 공간(230) 하단에 고정되어 이동하지 않는 윈도 위치감지구(20)는 발광 소자(22)와 수광 소자(24)를 구비하여 센싱 스케일(10)의 이동을 센싱하고, 태엽스프링(28)으로 이루어진 감김장치(26)를 더 구비하여 센싱 스케일(10)이 하강될 시에는 원활하게 상기 감김장치(26)에 감기며 하강할 수 있도록 한다.

상기 윈도 위치 감지구(20)는 발광 소자(22)로 적외선 센서, 발광다이오드 등을 사용할 수 있으며, 수광 소자(24)로는 수광 다이오드나 포토트랜지스터 등을 사용할 수 있다.

상기 발광 소자(22)와 수광 소자(24)는 서로 마주보며 일정 간격 이격되어 있는데, 상기 발광 소자(22)와 수광 소자(24) 사이에 위치한 상기 센싱 스케일(10)이 상하로 이동할 시 서로 부딪치지 않을 정도의 거리만큼 이격시키도록 한다.

상기 감김장치(26)는 태엽스프링(28)이 감겨있는 장치로 센싱 스케일(10)의 하단이 상기 태엽스프링(28)과 결합되면서 센싱 스케일(10)에 탄성력을 부여한다.

즉, 도어 윈도(210)가 하강하게 되면, 센싱 스케일(10)은 태엽스프링(28)의 복원력에 의해 감김장치(26)로 당겨져 감기게 되고, 도어 윈도(210)가 상승하게 되면, 센싱 스케일(10)은 태엽스프링(28)을 위로 당기면서 감김장치(26)로서 풀려나와 상승하게 된다. 물론, 이는 센싱 스케일(10)이 두께가 얇고 폭이 좁은 박판으로 이루어져 쉽게 구부러지거나 펴지는 성질을 가지고 있기에 가능하다.

도 3에서는, 본 발명의 다른 실시예에 따른 차량의 파워윈도 안전장치(100')가 도시되어 있는데, 윈도 위치 감지구(20')가 도어 윈도(210)에 고정되고, 센싱 스케일(10')은 도어(200)의 내부 공간(230)에 상하로 고정된 구조로 되어 있다.

본 발명의 다른 실시예에 따른 윈도 위치감지구(20')는 도어 윈도(210)의 하단면에 고정된 브라켓(40)에 고정되어 도어 윈도(210)와 일체로 상하 이동한다.

여기서, 윈도 위치감지구(20')가 상하 이동되면서 도어 윈도(210)의 이동정보를 센싱할 수 있도록 윈도 위치감지구(20')를 이루는 케이스(21)는 상하 수직방향으로 개방되어 센싱 스케일(10')을 관통되게 내입하고, 센싱 스케일(10')을 사이에 두고 발광 소자(22) 및 수광 소자(24)가 설치되도록 한다.

센싱 스케일(10')은 도어(200)의 내부 공간(230) 상하단에 고정된 고정판(50)(50')에 단단히 고정된다.

상기와 같이 구성된 센싱 스케일(10)(10')과 윈도 위치감지구(20)(20')는 도어 윈도(210)의 이동에 따라 센싱 스케일(10)(10')이 이동하거나 윈도 위치감지구(20)(20')가 이동하면서, 발광 소자(22)(22′)의 광이 슬릿(12)을 통과하여 수광 소자(24)(24′)로 수광되면서 발생되는 펄스신호를 검출하여 제어기(30)로 입력하게 된다.

본 발명의 실시예에 따른 제어기(30)는 윈도 위치감지구(20)(20′)및 구동 모터(60)와 연결되어 윈도 위치감지구(20)(20′)에서 상기와 같이 펄스신호의 형태로 된 도어 윈도(210)의 이동정보를 입력받아 구동 모터(60)를 제어하게 된다.

제어기(30)는 윈도 위치감지구(20)(20′)로부터 입력되는 펄스신호의 입력횟수와, 펄스신호가 입력되는 주기를 각각 카운팅하여 이를 도어 윈도(210)의 이동정보로 이용한다.

즉, 센싱 스케일(10)(10′)의 슬릿(12)간 간격이 정해져 있고, 일정간격으로 형성된 슬릿(12)를 통과할 때마다 펄스신호가 발생되므로, 제어기(30)는 슬릿(12)간 간격길이와, 펄스신호의 입력횟수 및 펄스신호의 입력주기를 이용하여 도어 윈도(210)의 이동거리나 이동속도, 이동가속도 등과 같은 도어 윈도(210)의 이동정보를 산출할 수 있게 된다.

이와 함께 제어기(30)는 상기와 같은 도어 윈도(210)의 이동정보를 이용하여 도어 윈도(210)의 승하강시키는 구동 모터(60)의 동작을 제어하는데, 일종의 모터 드라이버로서 구동 모터(60)을 정회전시키거나 역회전시키게 된다.

상기와 같이 구성된 센싱 스케일(10)(10′), 윈도 위치감지구(20)(20′), 제어기(30)로 이루어진 본 발명에 따른 파워윈도 안전장치(100)(100′)는 초기설정모드와 일반실행모드로 구분되어 작동된다.

초기설정모드는 도어 윈도(210)의 이동상태의 이상 유무를 판별하기 위한 기준을 정하는 단계로서, 장애물이 없는 정상적인 상태에서 도어 윈도(210)를 일회 상승시켜 발생한 펄스신호의 입력횟수와 입력주기를 시계열로 제어기(30)의 메모리에 저장하게 된다.

여기서, 사용자에 의해 초기설정 모드가 선택될 수 있도록 제어기(30)에 설정 스위치(32)를 구비하여 이를 도어(200)의 외부패널(240)에 설치하게 된다.

초기설정 모드에서 제어기(30)의 메모리에 기준값이 되는 펄스신호의 입력횟수와 입력주기가 시계열로 저장되면, 곧바로 일반실행 모드가 실행되는데, 상기 일반실행 모드는 특별한 스위칭 동작이나 제어신호의 입력없이 초기설정모드가 종료되면 곧바로 실행되는 단계로 설정 스위치(32)가 사용자에 의해 다시 선택되어 초기설정모드가 다시 실행되기 전까지 자동적으로 계속된다.

일반실행 모드에서는 센싱 스케일(10)(10′)과 윈도 위치감지구(20)(20′)에서 현재 실시간으로 센싱되고 있는 도어 윈도(210)의 이동정보에 해당하는 펄스신호를 제어기(30)가 입력받아 그 횟수와 주기를 산출한 다음, 이를 제어기(30)의 메모리에 기준값으로 저장된 펄스신호의 횟수 및 주기와 실시간으로 비교하게 되는데, 기준값으로 저장된 펄스신호의 횟수 및 주기에 비해 현재 실시간으로 센싱되고 있는 펄스신호의 횟수 및 주기가 작으면 제어기(30)는 구동 모터(60)를 일정구간 역회전시켜 도어 윈도(210)를 일정 높이로 하강시킨다.

즉, 기준값으로 저장된 펄스신호의 횟수 및 주기와 현재 실시간으로 센싱되고 있는 펄스신호의 횟수 및 주기가 서로 동일하면 도어 윈도(210)가 장애물이 없이 정상적으로 상승하고 있는 것으로 판단하여 구동 모터(60)의 현재 구동상태를 지속시켜 도어 윈도(210)가 계속 상승하게 되고, 현재 실시간으로 센싱되고 있는 펄스신호의 횟수 및 주기가 작으면 도어 윈도(210)가 장애물에 의해 부하를 받으며 비정상으로 상승하고 있는 것으로 판단하여 곧바로 구동 모터(60)를 현재 구동방향과 반대방향으로 일정구간 회전시켜 도어 윈도(210)가 하강하도록 한다.

여기서, 제어기(30)가 현재 실시간으로 상승하고 있는 도어 윈도(210)와 제어기(30)의 메모리에 저장된 각각의 펄스신호를 비교할 시에는 기기오차 및 기기상태에 따른 오차를 고려하여 현재 실시간으로 입력되고 있는 펄스신호의 입력횟수나 주기가 기준값으로 저장된 펄스신호의 입력횟수나 주기에 대한 오차범위 내에 있으면 정상으로 판정하고, 오차범위를 벗어났을 경우에는 이상으로 판정한다.

그리고, 펄스신호의 입력횟수로 도어 윈도(210)의 이동거리가 산출되므로, 기준값으로 저장된 펄스신호의 총 입력횟수와 현재 실시간으로 센싱되어 카운팅되는 펄스신호의 입력횟수가 서로 일치하면 제어기(30)는 이를 도어 윈도(210)가 완전히 닫힌 것으로 판단하여 상기 구동 모터(60)를 정지시킨다.

이와 같이 펄스신호의 입력횟수로서 정확하게 도어 윈도(210)의 닫힘상태를 감지하게 됨에 따라 종래 차량에서 도어 윈도(210)의 닫힘상태를 감지하던 리미트 스위치가 필요 없게 되어 구성이 단순화된다.

여기서 제어기(30)는 펄스신호의 입력횟수를 카운팅할 때, 도어 윈도(210)의 상승과 하강에 따른 방향성을 고려하여 부호(+, −)와 함께 카운팅하는 한편, 앱솔루트 형(Absolute Type) 엔코더와 동일한 방식으로 신호를 카운팅하게 되는데, 이에 따라 도어 윈도(210)의 현재 위치가 제어기(30)에 의해 정확히 인지되어 도어 윈도(210)가 상승도중 사용자나 장애물에 의해 정지한 후 다시 상승하더라도 별도의 장치세팅이 없어도 계속해서 도어 윈도(210)의 이동상태를 정확히 센싱하게 된다.

구비된 설정 스위치(32)를 사용자가 온(On)시킴으로써 실행되고, 상기 일반실행모드는 초기설정이 끝나고 설정 스위치(32)가 다시 온(On)되기 전까지 실행된다.

설정 스위치(32)를 눌러 초기설정모드가 실행되면 도어 윈도(210)는 자동적으로 일회 상승하는데, 도어 윈도(210)의 상승시의 매순간 이동정보를 윈도 위치감지구(20)(20′)가 센싱하여 이를 제어기(30)에 입력하게 된다. 입력된 도어 윈도(210)의 이동정보는 제어기(30)의 메모리에 기준값으로 저장된다.

그런데, 차량이 노후화되면 구동 모터(60)의 작동상태나 도어 윈도(210)를 승하강시키는 각종 부품들의 상태가 불량하여 도어 윈도(210)가 설계시 설정된 적정속도로 이동하지 못하고 불규칙한 속도로 이동하는 경우가 많이 발생하므로, 이를 보완하기 위해 상기와 같이 초기설정모드와 일반실행모드로 구분시켜 파워 윈도 안전장치(100)(100′)를 제어하기보다 파워 윈도 안전장치(100)(100′)가 매회 실행될 때마다 제어기(30)에 기준값이 새로이 설정되도록 하는 것이 바람직하다.

즉, 도어 윈도(210)가 상승하며 발생시키는 펄스신호를 입력받는 제어기(30)는 파워 윈도 안전장치(100)(100′)가 매회 실행될 시 도어 윈도(210)가 장애물이 없이 정상적으로 일회 상승하여 닫히면, 도어 윈도(210)가 상승을 시작한 후 정지한 시점까지 입력된 펄스신호의 횟수 및 주기를 시계열로 제어기(30)의 메모리에 기준값으로 저장함으로써 매회 기준값을 갱신하도록 한다. 그리고, 이와 같이 갱신되어 기준값으로 서상된 펄스신호를 현재 상승하고 있는 도어 윈도(210)에 의해 발생되는 펄스신호와 비교하여 도어 윈도(210)를 승하강을 제어하도록 한다.

이와 달리 제어기(30)가 도어 윈도(210)를 승강시키는 구동 모터(60)의 배터리 전압을 실시간으로 센싱하여 기준값으로 저장된 도어윈도(210)의 매순간 이동속도값을 보정하도록 할 수도 있다.

상기와 같은 본 발명에 따른 차량의 파워 윈도 안전장치(100)(100′)를 구성하는 센싱 스케일(10)(10′)과 윈도 위치 감지구(20)(20′) 및 제어기(30)는 각각 리니어 엔코더의 리니어 스케일과 센서 및 제어부에 대응되는 부품으로서 서로 결합되어 하나의 독립된 장치를 이루고 있다.

즉, 그 자체가 하나의 제품으로 다양한 기계장치에 단순히 고정되어 작동됨으로써 그 기능을 수행하는 리니어 엔코더와 마찬가지로 본 발명에 따른 차량의 파워 윈도 안전장치(100)(100′)는 하나의 독립된 장치로서 차량의 도어(200)를 이루는 각종 부품이나 요소들을 교체하거나 그 구조를 변경하는 복잡한 작업의 필요없이 도어(200)의 내부 공간(230)에 단순히 고정되어 사용된다.

종래의 차량의 파워 윈도 안전장치는 도어 자체에 센서에 해당되는 기구나 소자가 부착되어 도어의 내부 회로와 연결되었는데, 이는 도어와 파워 윈도 안전장치가 일체로 된 구성이어서, 차량의 제조과정에서부터 파워 윈도 안전장치를 도어설계에 포함시켜야 했다.

이에 따라 차량의 기종에 따라 파워 윈도 안전장치를 도어에 장착시키는 구조가 달라져 설계가 번거로워지고, 설치 및 보수작업도 번거로웠는데, 본 발명인 차량의 파워 윈도 안전장치(100)(100′)는 전술한 바와 같은 구성으로 이를 개선하여 도어(200)에 대한 장착성이 현저하게 증대된 것이다.

상술한 바와 같은, 본 발명의 일실시예에 따른 차량의 파워 윈도 안전장치 및 그 제어방법을 상기한 설명 및 도면에 따라 도시하였지만, 이는 예를 들어 설명한 것에 불과하며 본 발명의 기술적 사상을 벗어나지 않는 범위 내에서 다양한 변화 및 변경이 가능하다는 것을 이 분야의 통상적인 기술자들은 잘 이해할 수 있을 것이다.

【발명의 효과】

본 발명에 의한 차량의 파워 윈도 안전장치에 의하면, 도어의 내부 공간에 독립적으로 설치되도록 구성부품들이 집합되어 결합된 모듈형태로 이루어져 차량에 장착됨에 따라 차량의 특성에 따른 도어 윈도의 구조나 도어 윈도 동작 기구의 형식에 구애받지 않고 간편하고 용이하게 설치된다. 이와 같이 다양한 차종의 차량에 대한 장착성이 증대되고, 차량에 장착된 이후 부품교환이나 고장수리를 위한 보수작업도 간편하게 이루어지게 된다.

또한, 리니어 엔코더의 원리를 이용한 센싱 스케일과 윈도 위치감지구로 구성되고, 이 중 어느 하나가 도어 윈도에 직접 고정되어 일체로 이동하면서 도어 윈도의 이동정보가 센싱됨으로써, 차종에 따른 도어 윈도 구동모터의 속도나 도어 윈도의 동작거리에 관계없이 도어 윈도의 이동상태를 정밀하고 정확하게 센싱할 수 있게 되어 도어 윈도에 걸리는 부하에 대한 응답성이 현저하게 증대되는 효과를 가진다.

【특허청구범위】

【청구항 1】

차량의 파워 윈도 안전장치에 있어서, 도어의 창틀 아래로 형성된 내부 공간의 상하단 사이에 일정길이로 입설되고, 슬릿(Slit)이 일정한 피치로 상하방향으로 형성된 센싱 스케일과; 일정크기의 케이스에 발광 소자와 수광 소자가 서로 일정 간격으로 마주보며 설치되고, 상기 센싱 스케일을 사이에 두고 상기 발광 소자와 상기 수광 소자가 위치되어 상기 발광 소자에서 발생된 광이 상기 슬릿을 통과하여 상기 수광 소자에 수광되며 발생한 펄스신호를 감지하는 윈도 위치감지구와; 상기 윈도 위치감지구에서 펄스신호형태로 입력된 윈도 위치정보를 이용하여 도어 윈도를 구동시키는 구동 모터의 동작을 제어하여 도어 윈도의 승하강을 제어하는 제어기를 포함하여 구성됨을 특징으로 하는 차량의 파워 윈도 안전장치.

【청구항 2】

제 1항에 있어서, 상기 윈도 위치감지구는 상기 도어의 내부 공간 하단에 고정되고, 내부에 태엽스프링으로 이루어진 감김장치를 더 구비하여 상기 센싱 스케일의 하단이 결합되며, 상기 센싱 스케일은 상기 도어 윈도의 하단에 고정된 브라켓에 상단이 고정되어 상기 도어 윈도와 함께 이동하면서 도어 윈도의 이동상태를 상기 윈도 위치 감지구가 센싱하도록 하는 것을 특징으로 하는 차량의 파워 윈도 안전장치.

【청구항 3】

제 1항에 있어서, 상기 센싱 스케일은 도어의 내부 공간 상하단에 고정되고, 상기 윈도 위치 감지구는 도어 윈도의 하단에 고정된 브라켓에 결합되어 도어 윈도와 함께 상기 센싱 스케일을 따라 상하로 이동하면서 도어 윈도의 이동상태를 센싱하는 것을 특징으로 하는 차량의 파워 윈도 안전장치.

【청구항 4】

제 1항에 있어서, 상기 제어기는 사용자에 의해 조작되는 설정 스위치를 구비하여 도어의 외부 패널에 설치되는 것을 특징으로 하는 차량의 파워 윈도 안전장치.

【청구항 5】

센싱 스케일과, 윈도 위치 감지구 및 제어기로 이루어진 차량의 파워 윈도 안전장치를 제어함에 있어서, 상기 제어기에 구비된 설정 스위치를 사용자가 온(On)시키면 제어기에서 초기설정모드가 실행되고, 초기설정이 끝나면 설정 스위치를 다시 온(On)시키기 전까지 제어기에서 일반실행모드가 실행되며, 상기 초기설정모드에서는 상기 도어 윈도를 일회 상승시켜 상기 도어 윈도의 매순간 이동정보를 상기 센싱 스케일과 상기 윈도 감지구로 센싱하여 이를 펄스신호의 주기와 횟수 형태로 상기 제어기의 메모리에 기준값으로 저장하고, 상기 일반실행모드에서는 상기 제어기의 메모리에 기준값으로 저장된 도어 윈도 이동정보에 해당되는 펄스신호의 주기 및 횟수와, 현재 상승하고 있는 상기 도어 윈도를 상기 센싱 스케일과 상기 윈도 위치감지구로 센싱하여 발생한 펄스신호의 주기 및 횟수를 비교하여 기준이 되는 펄스신호의 주기나 횟수보다 현재 발생되는 펄스신호의 주기나 횟수가 작으면 상기 도어 윈도를 일정 높이로 하강시키는 것을 특징으로 하는 차량의 파워 윈도 안전장치의 제어방법.

【청구항 6】

제 5항에 있어서, 상기 제어기는 도어 윈도를 승강시키는 구동 모터의 배터리 전압을 실시간으로 센싱하여 기준값으로 저장된 도어 윈도의 매순간 이동속도값을 보정하는 것을 특징으로 하는 차량의 파워 윈도 안전장치의 제어방법.

【청구항 7】

센싱 스케일과, 윈도 위치감지구 및 제어기로 이루어진 차량의 파워 윈도 안전장치를 제어함에 있어서, 상기 도어 윈도가 상승할 때마다 상기 도어 윈도의 매순간 이동정보를 펄스신호의 형태로 상기 센싱 스케일과 상기 윈도 위치감지구로 센싱하되, 상기 도어 윈도가 장애물없이 정상적으로 일회 상승하여 닫히면 이에 해당되는 도어 윈도의 이동정보를 상기 제어부의 메모리에 기준값으로 저장하여 매회 기준값이 갱신되도록 하고, 현재 기준값으로 저장된 도어 윈도 이동정보에 해당되는 펄스신호의 주기 및 횟수와 현재 상승하고 있는 상기 도어 윈도에 의해 발생되는 펄스신호의 주기 및 횟수를 비교하여 기준이 되는 펄스신호의 주기나 횟수보다 현재 발생되는 펄스신호의 주기나 횟수가 작으면 상기 도어 윈도를 일정높이로 하강시키는 것을 특징으로 하는 차량의 파워 윈도 안전장치의 제어방법.

【청구항 8】

제 5항 내지 제 7항에 있어서, 상기 제어기는 기준이 되는 펄스신호의 횟수와 현재 발생되는 펄스신호의 횟수가 동일하면 상기 도어 윈도가 완전히 닫힌 것으로 판단하여 상기 구동 모터의 작동을 정지시키는 것을 특징으로 하는 차량의 파워 윈도 안전장치.

【도면】
【도 1】

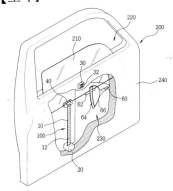

【도 2】

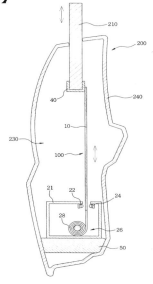

【도 3】

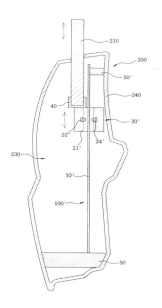

제10장

공학 윤리

10.1 엔지니어와 윤리

10.2 엔지니어와 친환경

 학습목표

◉ 엔지니어에게 윤리의 중요성이 강조되는 이유를 이해하고 공학설계의 실무에 있어서 철저한 공학윤리가 적용된 설계를 할 수 있는 능력을 배양한다.

◉ 해당 전공별 공학윤리헌장을 찾아 정독하고 해당 전공분야의 엔지니어가 되기 위한 윤리가 무엇인지를 알 수 있다.

◉ 공학설계의 과정에 친환경적인 개념이 필요한 이유를 이해하고 친환경적인 개념을 적용한 공학설계 실무를 수행할 수 있다.

10.1 엔지니어와 윤리

엔지니어에게 윤리교육은 왜 필요한가? 지식 정보화 사회는 기술 체계가 점차 복잡해지는 양상을 보이고 있다. 엔지니어와 관련된 사회적 이슈가 되는 사고와 사건은 불특정 다수의 사람들에게 본의 아닌 피해를 입히는 경우가 많다. 따라서 엔지니어는 사회 속에서 일정 부분 책임이 있다고 볼 수 있기 때문에 엔지니어 개인만의 이익을 추구할 것이 아니라 윤리 의식을 가져야 함이 강하게 요구되는 것이다.

엔지니어에게 요구되는 공학윤리(Engineering Ethics)는 1980년대에 학문의 새로운 분야로 자리 매김을 하였으며, 기술윤리, 과학자 윤리 등으로 표현되고 있다. 진정한 엔지니어는 엔지니어인 것으로만 충분하지 않다고 하는 말이 있다. 이 말은 기술이 윤리적 관점에서 반성되지 않으면 기술은 하나의 재주에 불과한 것이며, 기술적인 능력을 사용하기 위해서는 윤리적 반성과 성찰을 병행해야 된다는 의미이다.

스티브 맥퀸과 폴 뉴먼이 주연으로 나왔던 영화 타워링에서 건축가는 자신이 설계한 초고층 빌딩의 완성을 보기 위해 긴 여행에서 돌아온다. 그러나 자신이 만든 세계 최대의 초고층 빌딩 오픈 파티가 있던 날, 설계보다 규격미달의 전기배선을 시공자가 사용한 것을 알아차리고 과전압으로 인해 합선이 일어날 수 있음을 경고하였지만, 때는 늦어 이미 화재는 시작되고 화재를 진화하기 위해 애를 쓰는 내용을 주제로 다룬 영화이다. 내용이 흥미로운 것도 사실이지만, 엔지니어의 입장에서는 또 다른 감정을 가질 수 있다. 이 경우에 전기설비 시공을 담당한 엔지니어 개인의 윤리가 사회적으로 어떤 결과를 초래할 수 있는지를 명확하게 나타내어 주는 장면이다.

지난 1986년 미국의 우주왕복선 챌린저호가 발사 75초 만에 공중 폭발된 사건이나, 2003년 텍사스주 상공에서 귀환하던 컬럼비아호가 공중 폭발된 사례의 경우에도 많은 원인을 다룰 수 있겠지만, 엔지니어 입장에서는 또 다른 윤리의 필요성을 생각해 볼 필요가 있다.

우리나라의 경우도 1994년 성수대교 붕괴사고나 1995년 삼풍백화점 건물 붕괴사고 등을 예로 들 수 있을 것이다. 시공을 하는 과정에 있어서의 빈번한 설계 변경이나 잘못된 구조계산, 또는 무리한 공사기간의 단축이나 공사비 부족 등과 같은 일들을 엔지니어의 입장에서 본다면 결국 윤리 결여에서 야기되는 현상이라고 볼 수 있다.

　　이런 일들을 미연에 방지하고 개선하기 위한 노력은 엔지니어 개인의 윤리에 대한 의식에서부터 새롭게 출발하여, 자신과 가족 및 사회 구성원들에 대한 신뢰를 구축할 때 가능해 질 것이다.

　　현재 우리나라에서도 대부분의 전문공학회에서는 윤리 규정을 공표하고 있다. 예를 들면, 대한기계학회((The Korean Society of Mechanical Engineers, KSME)에서는 다음과 같은 윤리헌장을 제시하고 있다.

　　아래의 윤리헌장을 살펴보면 일반적인 생각과는 달리 의외로 엔지니어가 되기 위하여 지켜야 할 윤리적 규범이 광범위하다는 것을 알 수 있다.

대한기계학회 윤리헌장

　　대한기계학회는 모든 회원들에게 다음과 같은 윤리적 실천을 요구한다. 회원들은 기계공학 전문가로서의 청렴, 명예, 권위를 다음과 같은 방법으로 지켜 나아간다.

가. 기본 정신

1. 우리는 인류의 복지 향상과 지속 가능한 성장을 위해 지식과 기술을 사용한다.
2. 우리는 정직하고 공정하게 처신하며 타인, 고용주, 고객에게 성실하게 봉사한다.
3. 우리는 기계공학자 또는 기술자로서의 경쟁력과 권위를 높이기 위해 열심히 노력한다.

나. 기본 규범

1. 우리는 공공의 안전, 건강, 복지를 최우선으로 고려하며, 전문적인 의무들을 이행함에 있어서 지속 가능한 개발의 원칙을 따른다.
2. 우리는 자신의 자격 범위 안에서만 기술적, 지적 서비스를 제공한다.
3. 우리는 자신의 경력을 쌓아나가면서 직업적인 발전을 지속하고 휘하에 있는 기술자들에게도 직업적 발전의 기회를 제공한다.
4. 우리는 고용주나 고객에게 충실한 대리인이나 수탁자로서의 전문가적 직업의식을 가지면서 행동하며, 이해의 충돌이 있을 시에는 당사자(고객, 고용주)에게 객관적인 정보를 제공한다.
5. 우리는 전문 지식과 관련된 서비스를 제공함으로써 직업적 명성을 쌓아가고 타인과 불공정하게 경쟁하지 않는다.

6. 우리는 사회적으로 공인된 조직이나 개인하고만 공식적으로 교류한다.

7. 우리는 객관적이고 정직한 방법으로만 공공의 문제를 제기한다.

다. 행동 강령

1. 우리는 공공의 안전, 건강, 복지를 최우선으로 고려하며, 전문적인 의무들을 이행함에 있어 지속 가능한 개발의 원칙을 따른다.

　(가) 공공의 삶, 안전, 건강, 복지가 우리들에 의해 판단, 결정, 실천된 구조물, 기계, 제품, 공정, 설비 등에 절대적으로 의존한다는 사실을 알아야 한다.

　(나) 공공의 건강과 복지에 해가 되는 계획은 승인하지 말아야 한다.

　(다) 공공의 안전, 건강, 복지가 위협받는 상황에서 우리의 전문적 판단이 거부되거나 지속 가능한 성장의 원칙이 무시되면 고객이나 고용주들에게 발생할 수 있는 연쇄적인 피해에 대하여 알려주어야 한다.

　　1) 공인된 표준, 조사 결과, 품질 관리 절차와 같은 자료를 제공함으로써, 사용자가 설계, 제품, 시스템과 관련된 안전한 사용법을 이해할 수 있도록 해야 한다.

　　2) 설계 계획을 승인하기 전에 디자인, 제품, 시스템의 안전성과 신뢰성을 검토해 보아야 한다.

　　3) 공공의 안전과 건강을 위협할지도 모르는 상황에서 일을 하고 있다면, 그 상황의 위험도에 상응하는 적절한 권위를 부여 받아야 한다.

　(라) 다른 사람이 윤리규범을 어겼다고 충분히 믿을만한 단서를 갖고 있다면 그런 정보를 문서로 작성하여 적절한 공공기관에 알려야 한다. 또한 고발과 관련된 정보나 도움을 제공하는 적절한 공공기관과 협력해야 한다.

　(마) 우리는 일반적인 공공의 삶의 질을 강화하기 위한 지속 가능한 개발의 원칙을 고수하여 환경을 개선하는 데에 노력해야 한다.

2. 우리는 자신의 자격 범위 안에서만 기술적, 지적 서비스를 제공한다.

　(가) 기계공학과 관련된 기술적 분야에서의 교육과 경험에 의해 자격이 주어질 때에만 관련된 일을 맡아야 한다.

　(나) 자신의 풍부한 경험과 교육이 필요로 하는 분야의 업무를 맡아야 한다. 다만

제공하는 서비스는 자신이 자격요건을 갖추고 있는 프로젝트의 일부에 한정되어야 하며, 자신의 한계를 벗어나는 프로젝트는 능력 있는 동료, 컨설턴트, 종업원들이 수행해야 한다.

3. 우리는 자신의 경력을 쌓아나가면서 직업적인 발전을 지속하고 휘하에 있는 기술자들에게도 직업적 발전의 기회를 제공한다.

    (가) 경력을 쌓아 갈수록 자신의 업무와 관련된 새로운 지식을 습득하고, 폭 넓은 지적 발전을 지속해 나가야 한다.

    (나) 관리자로서 휘하의 직원들을 공정하게 관리 감독하며, 그들이 사회적으로 성장할 수 있도록 성의를 다하여 이끌어 준다.

4. 우리는 고용주나 고객에게 충실한 대리인이나 수탁자로서의 전문가적 직업의식을 가지고 행동하며, 이해의 충돌이 있을 시에는 당사자(고객, 고용주)에게 정확하고 객관적인 정보를 제공한다.

    (가) 고용주나 고객에게 예견되는 이해 충돌을 가능한 피해야 하고, 우리의 판단이 고용주와 고객의 이해 충돌을 가져올 때, 그들에게 영향을 미치는 사업제휴, 이익, 환경 등에 관한 정보를 이해당사자에게 즉시 제공해야 한다.

    (나) 자신과 고용주, 고객 사이의 잠재적 충돌을 유발할 수 있는 업무는 가능한 맡지 않도록 하지만, 만약 맡게 될 때는 그 충돌의 결과나 영향이 무엇인지 고용주와 고객에게 알려주어야 한다.

    (다) 이해당사자 모두에게 알려지는 상황이 아니라면, 같은 프로젝트에 대한 서비스의 대가로 한 쪽으로부터 금전적인 것을 비롯한 보상을 받아서는 안 된다.

    (라) 고용주나 고객에게 알리지 않고 제품이나 재료, 설비공급자를 선택하는 대가로 재정적 지원을 비롯해 어떤 청탁을 요청하거나 받아서도 안 된다.

    (마) 자신의 책임 하에 있는 업무에 관해서 고용주나 고객과 관계하는 계약자, 대리인, 제3자로부터 직간접적인 감사의 표시를 요청하거나 받아서는 안 된다. 공공시책이나 고용주의 정책상 적당한 감사나 선물을 받는 것이 용인된다면 그 선물로 자신의 전문적 판단에 영향을 받아서는 안 된다.

(바) 공공서비스 종사자, 자문위원, 정부기관에 종사하는 기계공학자 또는 기술자는 조직이 제공하는 서비스와 관련해서 사적인 목적으로 회의나 결정 절차에 참여해서는 안 된다.

(사) 코드, 표준, 정부의 규제, 설계지침서를 작성하는 데 종사하는 기계공학자 또는 기술자는 균형 잡힌 시각을 가져야하며, 이해충돌이 예상되는 결정을 내릴 때에는 매우 신중해야 한다.

(아) 연구결과에 따라 프로젝트가 성공하지 못할 것이라고 판단되면 고용주나 고객에게 알리고 조언을 구해야 한다.

(자) 비밀업무를 수행하는 동안, 정보를 다루어야 할 때 고객, 고용주, 공공의 이익에 반한다면 사적인 이해관계를 개입시켜서는 안 된다.

　　1) 법원의 결정이 아니고서는 전·현직 고용주나 고객, 입찰자의 동의 없이 사업내용이나 기술적 진행과정에 관한 비밀 정보를 유출해서는 안 된다.

　　2) 법원의 결정이 없으면 위원회나 자신이 이사로 재직 중인 이사회의 비밀정보를 유출해서는 안 된다.

　　3) 고객의 허락 없이 우리 고객이 제안한 디자인을 복제해서는 안 된다.

(차) 공개 계약을 체결할 때 모든 당사자를 공정하게 대해야 한다.

(카) 일을 맡아 개선, 계획, 설계, 발명하거나 저작권, 특허, 소유권 얻기를 정당화하는 기록을 하기 전에 각기 당사자의 권리에 관해 적극적으로 협정을 맺어야 한다.

(타) 오류가 입증되면 자신의 실수를 인정해야 하고 사실을 왜곡하여 실수를 합리화해서는 안 된다.

(파) 고용주에 대해 알지 못한 채 직업적으로 고용되어서는 안 된다.

(하) 고용주로부터 자신의 정규 업무 외의 계약을 받아들여서는 안 된다.

5. 우리는 전문 지식과 관련된 서비스를 제공함으로써 직업적 명성을 쌓아가고 타인과 불공정하게 경쟁하지 않는다.

(가) 사람들이 필요로 하는 전문서비스 유형의 경쟁력에 기초해 전문서비스 제공에 관한 계약을 협상해야 한다.

(나) 자신의 직업적 명성이 훼손되는 상황에서는 직업과 관련해 커미션을 요청하 거나, 받지 않아야 한다.

(다) 자신과 동료의 학문적, 직업적 자격을 왜곡하지 말아야 한다. 과거의 업적에 대해 자신의 위치나 책임을 허위로 말하거나 과장하지 않는다. 또한 취업을 위한 이력서에 고용주, 종업원, 동료, 합작 벤처나 자신의 업적에 관한 사실 을 왜곡하지 않아야 한다.

(라) 비전문가나 전문가를 위한 잡지에 기고하는 논문에 사실만을 담아야 한다. 여러 사람과 관련 있는(학생, 감독 기관, 사업상 감독자/연구자, 기타 동료) 연구에 기초해 논문, 페이퍼, 보고서 등을 출판할 때는 도움을 준 모든 관련 자 및 기관을 언급하여야 한다.

(마) 악의든 실수든, 직접적이든 간접적이든 타인의 직업적 명성, 장래성, 인간성 을 왜곡하여 타 우리의 고용에 해를 끼치거나 타인의 업적을 무책임하게 비 난해서는 안 된다.

(바) 외부의 사적인 일을 위해 동의 없이 고용주의 설비, 비품, 연구실이나 사무 기기를 사용하지 않아야 한다.

6. 우리는 사회적으로 공인된 조직이나 개인하고만 공식적으로 교류한다.

(가) 부정한 목적으로 사업을 수행하려는 조직이나 개인이 합작 사업을 제안할 때, 공식적으로 자신의 직분이나 회사의 이름을 이용해서는 안 된다.

(나) 비도덕적인 행위를 숨기기 위해 비전문가, 기업이나 동업자와 결탁해서는 안 된다.

7. 우리는 객관적이고 정직한 방법으로만 공공의 문제를 제기한다.

(가) 우리는 상식을 넓히고 전문적 업적에 대한 오해를 줄이려는 노력을 경주해 야 한다.

(나) 전문보고서, 성명이나 발표를 할 때 철저히 객관적이고 진실해야 하며, 관련 된 충분하고 적절한 정보를 포함시켜야 한다.

(다) 법정에서 전문가나 증인으로 나섰을 때 사안에 관한 적당한 지식, 주제에 관

한 기술적 경쟁력의 배경, 자신의 발언이 정확하고 타당성이 있다는 믿음이 있을 때에만 전문적 의견을 제시한다.

(라) 이해 당사자들 사이에서 일어난 공학적 문제에 대한 논쟁에서, 해당 당사자의 신원의 유출이나, 재정적 득실의 유무를 발설하지 않아야 한다.

(마) 자신의 업무와 장점을 설명할 때 진실해야 하고 직업적 명예와 다른 사람들과의 화합을 해치면서 자신의 이해를 충족시키려 해서는 안 된다.

8. 대한기계학회 회원자격을 가지기 원하는 기계공학자 또는 기술자는 상기의 윤리헌장을 준수하기로 동의하여야 한다.

2004년 10월 15일
사단법인 대한기계학회

10.2 엔지니어와 친환경

독일 출신 영화감독 롤랜드 에머리히(Roland Emmerich)가 제작한 영화 투모로우 (The Day After Tomorrow)는 급격한 지구 온난화로 인해 남극과 북극의 빙하가 녹고 바닷물이 차가워지면서 해류의 흐름이 바뀌게 되어 결국 지구 전체가 빙하로 뒤덮이는 거대한 재앙이 올 것이라는 설정을 바탕으로 환경의 중요성을 인류에게 경고하는 내용의 영화이다. 미국의 전 부통령이자 환경운동가인 엘 고어(Al Gore)가 직접 출연한 다큐멘터리성 영화인 불편한 진실(An Inconvenient Truth)에서도 비슷한 메시지를 시사한다.

자동차의 급증 현상 등과 같이 인류의 변화된 소비방식에 기인한 CO의 증가는 북극의 빙하를 10년을 주기로 9%씩 녹이고 있으며 지금의 속도가 유지된다면 오래지 않아 플로리다와 상하이, 인도와 뉴욕 등 대도시의 40% 이상이 물에 잠기고 네덜란드는 지도에서 사라질 것이라는 경고를 하고 있다.

빙하가 사라지면 빙하를 식수원으로 사용하고 있는 인구의 40%가 심각한 식수난을 겪을 것이며, 빙하가 녹음으로 인해 해수면의 온도가 상승하여 초강력 허리케인이 2배 이상 증가할 것이라는 예측을 하고 있다. 물론, 위의 내용은 영화에 나오는 이야기일 뿐이라는 생각을 갖는다면, 무슨 문제가 있겠느냐만 현재 우리가 겪고 있는 기후의 변화를 고려할 때, 전혀 공상만은 아니라는 생각이 든다.

엔지니어를 포함한 인류의 모든 활동은 필연적으로 다른 생물군의 변화를 초래하며, 이런 활동이 직접 일어난 장소뿐만 아니라 상당히 멀리 떨어진 곳의 생태계에도 영향을 미친다.

부주의하게 건설되는 댐이나 공장 등은 생태계 파괴와 생물 다양성의 변화를 가져오게 되는데, 이러한 생태계의 파괴와 생물 다양성의 변화는 생물의 과잉살상과 남용, 오염과 교란, 도입종에 의해서도 일어나지만, 역시 가장 큰 위협은 끊임없이 증가하고 있는 과도한 토지개발과 이용으로 인간이 거주하지 않았던 지역에 남아 있는 자연지까지 훼손시킨다. 자연지의 훼손은 절멸 위기종, 취약종, 희귀종 등의 증가를 초래하며, 이는 생물군 주변의 물리적 환경변화를 초래하고, 그 결과 많은 생물들이 단시간 내에 사멸될 수 있다.

환경윤리는 환경 파괴에 직면한 인류가 생명의 가치와 자연물의 가치를 고양할 수 있는 환경 친화적이고 생태 지향적인 규범의 설정과 그 가능성 및 타당성을 탐구하는 윤리학의 한 분야이기 때문에, 이제 엔지니어는 단순한 기술자의 한계를 넘어 환경 책임성(Environmental Responsibility)이라는 측면의 윤리를 이해하여야 하며, 이를 통해 삶의 터전인 지구의 환경까지도 고려하여야 한다.

엔지니어의 무관심 속에서 일어날 수 있는 독성 폐기물의 배출은 지하수를 오염시키고, 기름 유출은 해양과 토지를 오염시키며, 화석연료의 사용은 이산화탄소의 배출을 늘려 대기의 오염은 물론 온실효과를 심화시킬 수 있다.

엔지니어인 우리는 무엇을 해야 될까? 우리는 어떻게 하여야 할까? 엔지니어는 설계의 과정은 물론, 설계를 의뢰한 고객의 요구 사항을 수용하는 시점에서도 환경 친화적인 개념을 바탕으로 문제 해결을 근본적으로 할 수 있는 마인드를 갖추어야 하고 필요시 고객을 이해시켜야만 한다.

개발도 중요하지만 보존과 보전의 가치도 있다는 사실을 인식해야 할 것이다. 현재를 살아가고 있는 우리도 중요하지만 아직 태어나지 않은 미래 세대에 대한 도덕적 의무까지도 엔지니어에게는 부과된 책무이다.

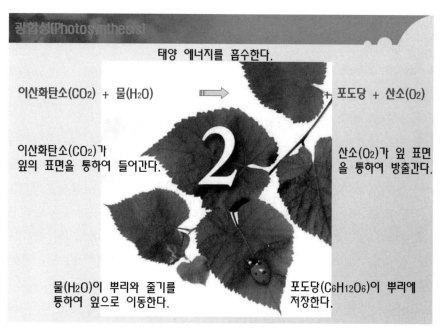

그림 10-1 자연적인 현상의 예

그림 10-1은 우리가 잘 알고 있는 광합성 현상을 그림으로 표현한 것이다. 광합성 현상에 대하여 이해를 하지 못하는 엔지니어는 없겠지만, 지구 스스로도 나름대로의 자정 노력을 하고 있다는 사실을 공유하자는 의미에서 제시하는 그림이다.

최근 우리나라에서도 바이오 에너지(Bio Energy) 기술에 관한 뉴스를 종종 접할 수 있다. 제주도에서는 유채유 등과 같은 에너지를 대규모로 생산하기 위한 계획도 세우고 있다고 한다. 바이오 에너지란 바이오매스(Biomass)를 연료로 하여 얻어지는 에너지를 말한다.

바이오매스란 식물이나 미생물 등을 에너지원으로 이용하는 생물체를 말한다. 예를 들면, 태양에너지를 이용한 광합성 과정을 통하여 모든 식물과 미생물이 생성되며 이를 먹고 동물체가 만들어지는데, 이와 같은 자연계 순환의 전 과정에서 생성된 유기성 생물체를 통틀어 말한다. 바이오매스를 직접 또는 생화학적, 물리적 변환과정을 통해 액체, 가스, 고체연료나 전기 및 열에너지 형태로 이용하는 것을 바이오 에너지라고 한다.

바이오 에너지의 장점은 인공적으로 생산 가능한 풍부한 자원이 존재하고, 환경 친화적인 생산시스템을 갖출 수 있으며, 온실 가스의 배출 저감 등과 같은 환경오염의 배출을 감소시킬 수 있고 다양한 형태의 에너지를 생성할 수 있다는 점 등을 들 수 있다. 물론, 이 또한 과도한 사용을 할 경우에는 환경을 파괴시킬 수 있다는 단점도 있다.

이러한 예가 바로 친환경적인 사고를 가진 엔지니어의 역할이라는 점을 강조하고 싶다.

엔지니어의 입장에서 환경 친화적인 문제와 관련한 또 다른 하나의 접근 방향은 리사이클(Recycle)이 가능한 제품의 설계를 들 수 있다.

지금까지의 공학설계는 목적하는 기능의 구현이나 사용할 경우의 안전성과 경제성 등에 제약을 받아 왔지만, 앞으로는 환경성과 환경 영향을 고려하여야 한다.

예를 들면, 공학설계를 할 경우에 재료의 선택도 엔지니어의 몫이다. 소재를 선택할 경우에도 친환경적인 윤리 측면을 고려하여 재활용이 쉬운 재료를 선택하고, 유해하거나 유독성이 있는 물질 등의 사용은 억제하고 재생 소재도 선택의 범위에 포함시킬 필요가 있다.

부품 부문에서도 가능하면 재이용과 재활용처리의 용이성을 고려하여 모듈화, 규격화, 표준화를 유도하고, 분리시키기 쉬운 결합 방식을 채택하는 것이 바람직할 것이다.

휴대폰 충전기의 경우를 예로 들면, 지금은 개선되었지만 2~3년전 까지는 제조사별로 모델별로 각각 서로 다른 충전장치를 판매하였던 경우를 생각할 수 있다.

최근 들어 환경 친화적인 제품의 설계와 관련하여 제품분석이 중요한 개념으로 인식되고 있다.

일반적으로 제품 분석이란 생산자가 제품을 생산, 유통, 사용, 폐기, 재자원화하는 각각의 단계에서 안전과 자원 및 환경 영향에 대한 조사 활동을 수행하고, 그 결과를 제품설계와 생산 방법에 적용하여 환경에 대한 영향을 최소화하기 위하여 노력한다는 의미를 지닌다.

제11장

공학자의 의사소통 기술

학습목표

◉ 기술적 의사소통의 개념을 이해하고 공학설계와 프로젝트의 수행 과정 및 그 결과를 타인과 공유할 수 있는 능력을 기른다.

◉ 논문이나 보고서의 작성 방법을 이해하고 타인의 문장을 검토할 수 있는 능력의 배양과 함께 스스로 공학적인 문장을 작성할 수 있다.

◉ 효과적인 발표의 중요성을 이해하고 청중을 위한 효율적인 발표 준비와 함께 발표를 할 수 있는 능력을 향상시킨다.

성공적인 공학설계의 프로세스 중에서 빼 놓을 수 없는 것 중의 하나가 의사소통 (Communication)이다. 의사소통이란, 설계도면과 제조명세서와 같은 기술적인 자료는 물론이고, 기술적 업무를 진행하기 위한 대화와 문서 및 발표용 자료의 작성과 발표 등과 같은 모든 부분을 포함하는 의미이다.

우리나라 공과대학 출신 중 많은 수가 독서·작문보다는 수학·과학을 중시하는 이과 출신이거나 기술교육 중심의 전문계 고등학교를 이수한 경우이므로 문장의 구성 등에 많은 어려움을 겪고 있는 것이 사실이다.

실제로 MIT에서는 학생들에게 졸업 전까지 2단계의 혹독한 쓰기 교육을 시킨다고 한다. 졸업 요건으로 기본적인 쓰기 과목을 수강하거나 글을 제출해 일정 이상의 점수를 받아야 한다.

이처럼 MIT에서 쓰기를 강조하는 이유에 대하여 '명쾌한 사고 능력은 글쓰기는 물론 과학적 연구 능력과도 직결된다. 실제로 MIT에서 글을 잘 썼던 학생들이 졸업한 뒤에도 성공하는 가능성이 높다는 조사 결과도 있다.', '과학과 기술에서 쓰기 과정 그 자체는 지식의 형성에 결정적 영향을 미치며, 대중은 물론 같은 분야의 전문가들이 정보를 습득하도록 하는데 매우 큰 도움을 준다. 또한 요즘 대부분의 과학 기술 분야 논문은 공저이기 때문에 글의 작성 과정 그 자체가 협동의 과정이다. 특히 이런 자료들이 요즘에는 이메일을 타고 빠르게 돌아다니고 있기 때문에 글쓰기가 더욱 중요해지고 있다.'라고 쓰기 프로그램 학과장인 제임스 패러디스 교수는 말하고 있다.

명확한 의사소통을 위해서는 주제를 분명하게 이해하고 이를 바탕으로 아이디어를 다듬어야 한다. 의사소통의 궁극적인 목표는 엔지니어의 생각과 설계 또는 연구 개발과 관련된 결과를 공유하고자 하는 것이다.

공학자의 의사소통이란 공학설계의 과정이나 연구 개발 프로젝트로부터 얻어진 결과를 설계도면이나 논문 또는 보고서의 형태로 표현하는 것을 말하며, 이를 통해 상호간의 의사를 명확하게 주고받을 수 있을 뿐 아니라, 각각의 프로세스에 대한 피드백의 활용과 반복성의 적용이라는 중요한 의미를 담고 있다.

11.2 논문의 작성법

공학설계의 과정 중에 최종적으로 필요한 요소 중의 하나가 설계된 내용을 체계적으로 정리하여 보고서나 제안서 또는 논문 등과 같이 일관성이 있는 형식을 갖춘 문장으로 작성하는 것이다.

일반적으로 공학계열의 학생들은 주어진 과업을 훌륭하게 수행하였음에도 불구하고 전공의 특성상 문장을 서술하는 것이 서툴러 연구개발의 성과를 타인에게 인지시키지 못하는 경우가 종종 있다.

보고서나 제안서 또는 논문 등과 같이 형식을 갖춘 문장에서 가장 중요한 것은 내용 속에 포함되어 있는 독창적인 성과와 새로운 정보임은 분명하다.

그러나 해당 내용을 읽는 독자의 입장에서 이해하기가 어렵다거나 의문이 생기는 부분이 있을 경우에는 가치가 없는 것으로 전락될 수도 있기 때문에 문장 작성의 기본 규칙에 따라 독자가 무리 없이 읽을 수 있는 수준으로 작성하여야 한다.

(1) 논문을 쓰는 자세

① 독창성

자기의 주장과 사상 또는 발견의 내용이 참신해야 하며, 이를 객관적으로 입증할 수 있는 근거 자료를 확보하여야 한다.

② 방증성

확실하고도 충분한 증거를 일정한 논리와 방법에 따라 제시하여 타인으로부터 객관적인 타당성에 대한 입증을 받을 수 있도록 해야 한다.

③ 객관성

무리하게 주관적인 해석이나 개인이 갖고 있는 이론에 대한 신념화를 피하고 객관적인 입장에서 서술하여야 한다.

④ 관계성

여러 가지 자료를 수집하고 분석하여 문제점을 도출하고 이를 정리하여 체계적인 개선 방안의 제시와 함께 설명을 할 필요가 있으며, 논리의 연속성을 잃지 않도록 해야 한다.

⑤ 정확성

문장의 내용과 관련 기록 및 자료 등과 같은 모든 분야에서 정확성을 확보할 수 있어야 한다.

⑥ 간결성

불필요한 전개를 배제하고 내용과 중심 사상이 적절한 규모로 이루어져야 한다.

(2) 논문의 구성

논문을 작성하기에 앞서 가장 우선적인 문제가 논제를 결정하는 것이다. 논제의 선정은 가능한 범위 내에서 좁은 범위를 잡아야 해당 논문에 대한 깊이를 더할 수 있다. 그렇게 하기 위해서는 시간적, 공간적으로 좁히는 동시에 연구 대상의 특정한 측면에 초점을 맞추는 것이 바람직하다.

논제가 결정되고 나면 본격적으로 논문을 작성해 나가야 한다. 과연 논문의 구성은 어떻게 하는 것이 바람직할까?

일반적으로 논문은 학문 영역별로 약간의 차이는 있지만, 공학 논문인 경우에는 실험적인 연구의 수행을 통한 논문이 주를 이루고 있으며, 논문의 틀에 해당하는 목차, 문제를 제기하는 부분인 서론, 제기된 문제들을 논리적으로 증명하는 본론, 본론에서 논증한 내용이나 결과를 토대로 서론부에서 제기했던 문제들에 대한 판단을 내리는 결론 부분과 인용된 문헌을 제시하는 참고문헌 등의 순서로 구성되는 것이 일반적이다.

따라서, 서론과 본론 및 결론으로 이어지는 이 삼단 구성의 각 부분 사이에는 서로간의 논리에 일관성이 있어야 한다.

① 목차(Contents)

논문의 뼈대에 해당되며 전체적인 논문의 틀이다. 목차를 단순히 논문의 순서를 나타내는 차례라고 생각해서는 곤란하다. 일반적으로 다른 사람이 연구한 논문을 참고하기 위하여 검색을 할 경우에 대부분의 독자는 논제와 초록 및 목차를 확인하고 난 다음에 해당 논문 전체를 읽을 것인가, 읽지 않을 것인가를 판단하기 때문이다.

② 서론(Introduction)

연구의 주제가 어떤 성질의 것이며 의의가 무엇인지를 제시하여야 하며, 주제가 해당 학문 분야에서 필요한 독창적인 부분임을 제시하고 그 논제를 선택하여 연구를 수행하게 된 동기나 이유에 대하여 명확하게 나타내어야 한다.

그 다음으로 연구에 대한 목적을 밝히고, 연구 주제와 관계되는 이론적 배경이나 연구 상황 및 설정된 가설 등에 대하여 개략적으로 설명한다.

이때, 연구의 범위와 한계를 미리 밝혀 두는 것도 의미가 있으며, 범위와 한계를 밝히는 수단으로 부제를 사용하는 것도 좋은 방법 중의 하나이다.

서론부에서 위와 같은 내용을 제시함에 있어서 주의할 점은 장황한 설명을 피하고 간결하고 잘 다듬어진 문장으로 표현하여야 한다는 것이다.

③ 본론(Main body)

논문의 핵심에 해당하는 중심부분으로 서론에서 명시한 연구 목적을 달성하기 위하여 제기된 문제들을 한정된 범위 내에서 특정 연구방법에 따라 본격적으로 정리, 분석, 설명, 평가하는 논리적인 고찰이 이루어져야 한다.

이는 이론 해석적인 논문의 경우나 이론과 실험 해석 병행적인 논문 또는 실험적인 논문의 경우에 있어서 모두 동일하다.

따라서 연구의 주제와 범위 및 구성의 적합한 방법을 논리적으로 일관성 있게 전개하여야 하며, 특히 실험적인 연구의 경우에는 실험장치의 구성과 실험 방법 및 실험 결과에 대한 고찰 등에 대하여 구체적으로 표현을 한 후, 실험적인 데이터를 제시하고 논하여야 한다.

연구 또는 개발을 위하여 수집한 자료는 효과적으로 구사할 필요가 있으며, 통계적인 자료나 도표 및 수식 등은 개요나 요점을 설명하고 반드시 인용한 문헌을 명기하여야 한다. 연구 개발과정에 있어서 필요한 구체적인 전개 과정이나 자세한 방법론에 대한 논의를 제시한 이후에는 연구 개발 결과의 자료나 해석의 논의를 하여야 하며, 핵심적

줄거리나 본질적인 부분에서 벗어나지 않아야 한다.

④ 결론(Conclusion)

논문의 마무리 부분으로 서론에서 문제를 제기하고 본론에서 고찰을 한 후에 연구 결과에 대한 판단을 내리는 논리적 귀결의 단계로 본론 전체를 요약하여 결론을 맺는 것이 필요하다.

본론에서 고찰하고 분석한 해당 연구의 성과 중에서 중요한 결과를 제시하고 판단을 하여야 하며, 해당 연구에서 다루지 못한 과제나 전망 및 향후 연구의 방향 제시 등을 할 수 있다.

요약은 핵심적이어야 하며, 결론은 연구논문의 결실이기 때문에 간결하면서도 논리적으로 표현하여야 한다.

즉, 논문의 구성에서 가장 중요한 것은 서론부에서 제기한 문제들이 본론에서 언급된 이론 및 방법으로 서론에서 언급된 범위에 대하여 연구되며, 서론에서 밝힌 목적에 대한 결론을 명확히 하는 것이기 때문에 서론에서부터 본론을 거쳐 결론에 이르는 논리가 명확해야 한다.

⑤ 참고문헌(Bibliography)

참고문헌은 논문에서 매우 중요한 부분으로 해당 논문의 주제와 서론에서 본인이 제시한 내용에 대한 적합한 문헌을 참고하였는가를 보기 위한 부분이다. 따라서 참고문헌 부분의 작성은 특별한 예외가 없는 한 논문 속에 표시한 각주에 해당되는 영역에서 작성하여야 한다.

작성시 주의할 점은 단행본, 논문, 잡지 및 기타 항목으로 나누어 작성하는데 각각의 전공 영역별 또는 대학별로 요구하는 사항이 다를 수 있기 때문에 해당 분야의 작성지침을 활용하는 것이 좋다.

인용문이란 논문을 작성하는데 있어서 선행 연구자의 연구 내용이 꼭 필요할 경우에 인용하여야 하며, 인용을 할 경우에는 본인의 연구 및 개발 주제에 적합한 인용할 가치가 있는 자료인가의 여부를 연구자 스스로 판단하고 확인한 내용에 한하여 합리적으로 인용하여야 한다.

(3) 좋은 논문 작성법

① 문장의 작성은 간결하게 정리하는 것이 좋다. 그렇다고 해서 단문이 좋다, 장문이 좋다라는 의미는 아니다. 적절한 분량의 단락을 유지하면서 문장과 문장을 연결할 경우에 접속 부사를 잘 활용하여 매끄러운 문장으로 다듬어 줄 필요가 있다. 접속 부사를 잘 이용하면 앞뒤 문장의 순서와 대응 관계를 명확하게 할 수 있기 때문에 효과적이다.

② 논문에서는 존대어를 사용하지 않는 것이 일반적이지만, 문장의 끝 부분에 '~이다' 등과 같은 단정적인 어조를 반복적으로 사용할 경우에 독자는 권태로울 수 있다. 따라서 문장의 의미를 반전시키지 않는 범위 내에서 다양한 형태의 서술부를 바꾸어 가면서 문장을 작성하면 좋다.

③ 내용 중에 그림이나 수식 또는 표 등을 제시할 필요가 있을 경우에는 논문의 분량이 문제가 되지 않는 범위 내에서 충분히 제시하여 독자의 의문점을 해결해 줄 필요가 있다. 이때, 내용 속에 제시된 그림이나 수식 및 표 등을 문장 속에서 지칭할 경우에는 가급적이면 문장의 앞부분에 제시하고 난 이후에 해당 내용에 대한 설명을 서술하면 이해하기 쉬운 문장이 된다.

④ 동일한 단어나 조사가 문장 속에 계속적으로 사용될 경우에도 진부한 느낌을 가질 수 있다. 이런 경우에는 단어의 의미를 해치지 않는 범위에서 유의어를 찾아 사용하는 것도 바람직한 표현 방법이다.

⑤ 문장을 표현할 때 영문을 병기하여 표현할 경우 또는 독자의 이해를 도모하기 위한 경우가 아니라면, 문장 속에 ( ) 기호의 사용을 억제하는 것이 좋다. 문장 속의 ( ) 표시는 문장을 복잡하게 보일 수 있고, 경우에 따라서는 자신감이 없는 문장으로 보일 수도 있기 때문이다.

11.3 논문 작성의 예

능동적 안전성을 고려한 윈도 안전장치 모듈의 개발

A Development of Window Safety System Module Considering Active Safety Technology

Abstract :

It is necessary to develope the active safety system in terms of driver's safety and convenience. In this paper, we were developed the non-contact type of window safety system operated by the initial value of feedback control such as the output signal of photo sensor. It was designed based on the control algorithm with an improved load sensitivity. Therefore, compared with the existing system, it is possible to prevent the occurrence of a mull-function. Also, it has a convenient functions of the window such as an auto up/down and closing, and has a response times better. It can be installed the various types of common vehicles that have the different movement distance and speed of window. In conclusion, the developed system may be adapted the vehicle commercially.

Key words : Window safety system(윈도 안전장치), Advanced safety vehicle(첨단 안전 자동차), Signal frequency(신호 주기), Response time(응답시간), Sensing module(센싱 모듈), Motor drive module(모터 드라이버 모듈)

1. 서 론

자동차의 주행 안정성과 운전자의 편의성을 위한 장치를 장착한 첨단 안전 자동차 (ASV : Advanced Safety Vehicle)의 개발이 활발하게 진행됨에 따라 2010년 정도에는 보편화되어질 것으로 예측되지만, 이러한 장치에 고장 또는 오동작이 발생할 경우에는 탑승자의 안전을 위협할 수 있기 때문에 상당한 주의가 필요하다.[1, 2]

우리의 자동차 산업이 질적인 발전과 경쟁력을 갖추기 위해서는 관련 첨단 기술의 연구 개발은 물론, 고부가가치 상품을 생산하여야 하는 중요한 전환점에 처해있는 것도 사실이다.[3] 따라서 자동차 성능과 품질의 개선뿐만 아니라 운전자 및 탑승자를 배려하는 인간중심적인 안전성과 편의성, 나아가서는 쾌적성과 감성을 고려한 상품의 개발은 국제 경쟁력 우위를 점하기 위한 매우 중요한 요소라고 판단된다.[4]

한 예로서 탑승자의 편의성과 안전을 위한 시스템 중에서 윈도(window)의 안전을 위한 스마트 윈도우 시스템이 현재 일부 차량에 적용되고 있는데, 이는 전동식 윈도가 동작 중에 이물질이 끼었는지를 감지하여 윈도 동작을 제어하는 것이다.

국내·외에서 전동식 윈도 조정장치 및 원터치 조정장치의 부주의한 사용에 의한 안전사고가 보고되고 있다. 우리나라의 경우, 1997년 한국소비자원의 자동차 창문 안전성 실태조사에 따르면 27건의 사고가 발생한 것으로 나타났다[5]. 취급설명서에 이와 관련된 경고표시를 한 경우는 조사대상 차종의 평균 45.65%만 제대로 표시하였으며 그 중에서 40.8%는 창문 개폐를 직접적으로 설명하지 않고 다른 부분에 분산·기재 되어 있었다. 자동차 창문에 의한 위해 가능성에 대한 경고표시의 미흡은 제조물 책임법 (PL : Product Liability)의 대상이 된다. 뿐만 아니라 국내 자동차의 창문 상승력에 대한 안전기준이 없어 제조자의 사내표준과 설계 담당자의 판단에 따라 결정이 되는 실정이다. 차종에 따라 다소 차이는 있지만 창문 상승력은 대략 170±50N의 힘의 걸리고 최대 211.7N (211.7N/9.8=21.6kg)인 것으로 나타났다. 이것은 외국의 기준과 비교하여 매우 강한 힘이 작용하여 안전사고의 강도가 커지는 상황을 야기시킨다.

2000년부터 2005년 말까지 일본 국민생활센터 위해정보시스템에 보고된 자동차 창문 안전사고는 40건으로 부상정도가 심각하였다. 한편, 미국의 소비자단체들은 자동차 창문과 차창 틀에 목이 끼는 등의 사고로 최소한 37명의 어린이가 사망했다고 주장하고 있다. 따라서 미국은 2008년까지 미국 내 모든 차량에 대해 파워 윈도 안전장치 장착을 의무화하고, 미국 연방 고속도로 안전부는 2008년까지 수입차량을 포함한 모든 미국 내 운행차량은 보다 안전한 파워 윈도 스위치를 장착해야 한다고 밝히고 있다.

현재 국내의 일부 차량에 적용된 윈도 안전장치는 각 윈도 스위치 모듈에 컨트롤러가 설치된 상태에서 윈도에 일정한 부하가 감지되면 안전 기능을 실현하는 형태이다. 그러나 윈도 안전장치가 장착되어 있지 않은 차종에 이러한 형태의 안전장치를 설치하기 위해서는 관련 배선 및 모터의 교체가 불가피하기 때문에 설치의 용이성과 비용적인 측면에서 현실성이 없다. 또한, 윈도의 부하를 감지하는 방법 자체가 노약자의 경우 부상을 당할 수 있을 정도의 응답성을 가지기 때문에 윈도 부하 감지 응답성을 향상시킬 필요가 있다. 따라서 본 연구에서는 이러한 문제점들을 해결할 수 있는 향상된 개념의 윈도 안전장치 모듈을 개발하여 상용화하고자 한다.

2. 모듈의 설계 제작

2.1 윈도 안전장치 센싱 모듈

Fig. 1은 광센서를 이용한 윈도 안전장치 센싱 모듈의 개략도를 나타낸 것이다. 윈도 안전장치는 크게 윈도 안전장치 센싱 모듈과 윈도 모터 드라이브 모듈로 구성되어 있다. 윈도 안전장치 센싱 모듈은 윈도의 위치와 끼임 발생을 감지하기 위한 것으로 일정한 간격으로 타공이 되어 있는 센싱 스케일과 센싱 스케일의 움직임을 원활하게 하기 위한 센싱 모듈 하우징, 윈도에 센싱 스케일을 용이하게 고정할 수 있도록 제작한 윈도 고정 클립, 윈도 동작시에 윈도의 위치와 끼임 발생을 신호로 발생시키는 감지부 등으로 구성하였다.

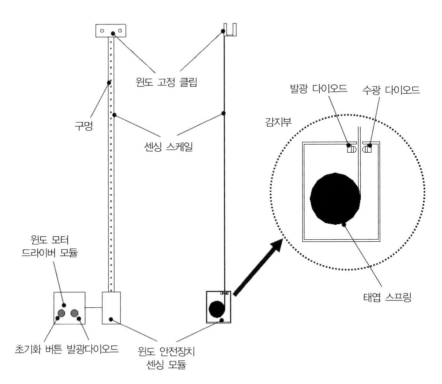

Fig. 1 Schematic diagram of window safety module

센싱 스케일은 10mm 간격으로 직경 3mm의 구멍이 뚫린 얇은 금속판으로 제작하였으며, 개발 과정에서 구멍의 직경이 2mm 이상이면 감지부에서 신호를 발생하는데 문제가 없는 것으로 나타났다. 그리고 센싱 스케일의 형상(원형, 슬릿)에 의한 감지부의 센싱 능력은 큰 차이를 보이지 않아 본 연구에서는 가공성을 고려하여 원형으로 결정하였다.

Fig. 2는 윈도 안전장치 센싱 모듈을 차량에 장착한 예를 나타낸 것이다. 그림에서 보는 바와 같이 윈도 고정 클립을 이용하여 센싱 스케일을 윈도에 고정하고, 센싱 모듈 하우징을 도어 내부의 적정한 위치에 고정하면 윈도의 동작에 따라 센싱 스케일이 연동하게 된다.

윈도의 상·하향 동작시에 센싱 스케일의 동작이 원활해야 할 뿐 아니라, 상향 행정시에는 센싱 스케일의 장력이 일정하게 유지되어야 하기 때문에 센싱 스케일 하단부는 센싱 모듈 하우징 내에 설치되어 있는 태엽 스프링에 연결하였다.

센싱 모듈의 감지부는 수광·발광 소자로 구성하였으며 센싱 스케일의 직각방향에 설치하고, 감지부의 위치는 센싱 스케일의 움직임에 따른 영향을 최소화하기 위하여 하우

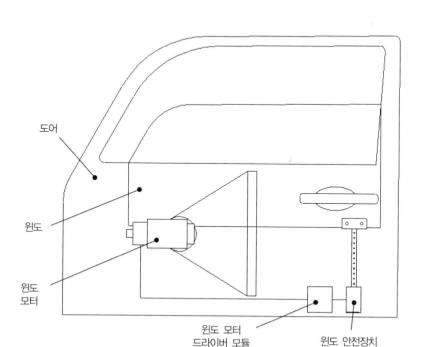

도어

윈도

윈도
모터

윈도 모터
드라이버 모듈

윈도 안전장치
센싱 모듈

Fig. 2 An example of installation of the system module

징의 센싱 스케일 출구에 설치하였다.

센싱 스케일은 발광 소자 및 수광 소자 사이에 위치하여 이동하며 구멍을 통하여 발광 소자의 광이 수광 소자로 입사되도록 하는데, 발광 소자에서 나온 광이 구멍을 통과하는 횟수와 서로 이웃한 구멍을 통과하는데 걸리는 시간을 측정하여 윈도의 이동 정보 및 위치를 판단하여 윈도 모터 드라이브 모듈에 전달된다.

윈도 모터 드라이버 모듈은 윈도 안전장치 센싱 모듈로부터 입력되는 신호 주기의 변화 또는 위치를 체크하여 윈도 모터의 동작을 제어하게 된다. 즉, 윈도에 끼임이 발생하여 부하가 증가하게 되면 윈도 동작 센싱 모듈에서 발생하는 신호의 주기가 변하기 때문에 이를 감지하여 윈도 모터를 역회전 시키게 된다.

2.2 윈도 모터 드라이버 모듈

기존의 윈도 안전장치는 윈도 모터의 회전 속도에 따라 신호를 출력하는 홀 센서를 내장하고 있으며, 윈도에 물체의 끼임이 발생할 경우 홀 센서 신호의 주기 변화를 감지하여 윈도 모터를 제어한다. 또한 윈도가 완전히 닫힐 때는 윈도에 물체의 끼임이 발생하지 않은 상황이지만 홀센서의 출력 신호 주기가 증가하기 때문에 윈도를 역회전시킬 수 있다. 즉 윈도 안전장치 기능 때문에 윈도를 완전히 닫을 수 없는 상황이 발생한다. 따라서 윈도가 완전히 닫힐 때에는 윈도 안전장치의 기능을 해제하기 위하여 윈도가 완전히 닫히는 위치를 감지하여 신호를 출력하는 리밋 스위치가 설치되어 있다.

본 연구를 통하여 개발된 윈도 안전장치는 윈도 동작시 발생하는 일정 주기의 신호를 체크하여 윈도 안전장치 기능을 수행하는 방법에는 기존의 장치에 비해 큰 차이가 없지만, 본 장치를 개발하는 목적중의 하나가 윈도 안전장치를 구비하고 있지 못한 차량에 윈도 안전장치를 적용 가능하게 하는 것이기 때문에 윈도 안전장치의 설치가 쉽고 차종에 상관없이 적용할 수 있는 기능을 부가한 것이다.

또한, 다양한 차종에 폭넓게 적용하기 위하여 윈도 모터 드라이브 모듈은 윈도 안전장치 센싱 모듈로부터 입력되는 신호를 이용하여 윈도 모터를 제어하는 역할과 함께 초기 설치시에 윈도 이동 거리와 이동속도에 대한 정보를 초기화하는 역할을 한다.

차량의 윈도는 차종 별로 이동거리는 물론, 윈도의 평균 동작 속도도 다르며 동작속도가 일정하지 않다. 신차의 경우, 초기에는 윈도 동작 속도의 편차를 무시할 수 있는 정도이지만 사용연수가 증가함에 따라 모터의 노후화나 이물질 끼임, 배터리의 전압 등과 같은 이유로 인하여 윈도의 동작 평균 속도와 속도 편차의 심각성은 안전사고의 주요 원인이 될 수 있다.

따라서 윈도의 정상적인 동작을 위하여 윈도의 평균 동작 속도 변화에 반응하는 안전장치의 기능이 필수적으로 수행될 수 있어야 한다.

Fig. 3은 윈도 끼임 발생에 따른 윈도 안전장치 기능 수행 예를 나타낸 것으로, 그림에서 구형파 형태의 시그널은 윈도의 동작에 따라 발생하는 시그널을 표시한 것이다.

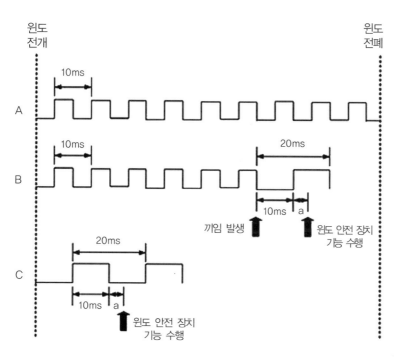

Fig. 3   Examples of the functional operations of the window safety
          system when get jammed in

　A 경우는 윈도가 정상적으로 동작할 때의 예를 나타낸 경우이며, 주기는 10ms로 가정하였다. B 경우는 동작 중 끼임이 발생한 경우를 나타낸 것으로 시그널의 주기가 10ms+a 값에 이르면 윈도 안전장치가 작동한다. C경우는 윈도 동작에 문제가 발생하여 평균 속도가 느려져 시그널 주기가 2배가 된 경우의 예를 나타내었다. 이때, 시그널 주기를 10ms+a로 설정했다면, 윈도가 초기에 상승하다가 윈도의 끼임이 발생한 것으로 판단하여 윈도 안전장치 기능을 수행하기 때문에 끼임이 발생하지 않은 상황에서 오작동을 할 수 있다.

　기존의 윈도 안전장치는 시그널 주기를 미리 입력값으로 설정해 두는 것이 아니라 윈도의 평균 동작 속도 변화에 반응하여 안전장치의 기능을 수행한다. 그러나 이러한 방식의 윈도 제어 알고리즘은 오작동이 발생할 수 있기 때문에 단순히 윈도를 닫을 수 없는 상황 뿐 아니라 끼임이 발생한 경우에도 윈도 안전장치 기능을 수행하지 못할 수 있다.

　Fig. 4는 개선된 윈도 안전장치의 제어 알고리즘 일부를 나타낸 것이다. 윈도 안전장치를 차량에 설치하고 윈도 모터 드라이브 모듈에 설치된 초기화 버튼을 누르면 발광다

이오드가 점등되고 윈도를 1회 상향 동작시키면 윈도 모터 드라이버 모듈 내의 메모리
에 윈도 동작 센싱 모듈에서 발생되는 시그널의 주기와 시그널의 발생 횟수가 저장되면
서 발광다이오드는 소등된다. 이 과정은 윈도 안전장치의 초기화과정으로 윈도 안전장치
기능 수행 시그널 주기를 초기화하고 시그널의 발생 횟수를 계수하여 윈도의 이동거리
와 속도에 대한 정보를 메모리에 저장함으로써 다음 윈도 동작시에 윈도 안전장치 수행
시그널 주기로 사용할 수 있도록 인식하게 하는 것이다.

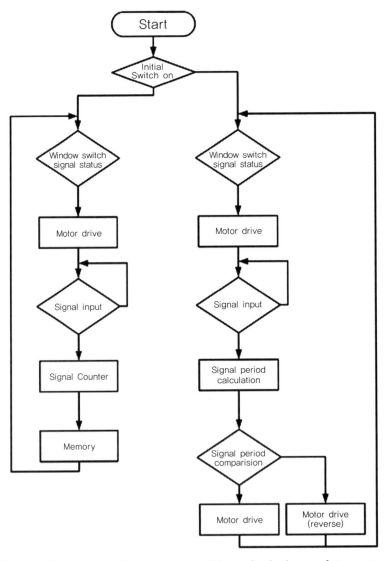

Fig. 4 Flow chart of control algorithm of window safety system

즉, 윈도의 부하발생이 입력된 시그널 발생 횟수보다 적은 조건에서 이루어지면 윈도 세이프티 동작을 수행하고, 입력된 시그널 발생 횟수와 동일한 횟수가 되면 윈도 세이프티 동작을 해제하여 윈도가 전폐되도록 한다. 이 과정으로 인해 기존의 윈도 안전장치에서 필수적으로 사용했던 리밋 스위치를 제거 가능하게 하였다.

윈도 모터 드라이브 모듈 회로는 기본적인 윈도 안전장치 기능뿐만 아니라 모터 동작 노이즈에 의한 시그널 입력의 왜곡을 최소화하기 위해 노이즈 차단 회로를 추가하였다. 그리고 필요시 운전석 도어 윈도 스위치를 이용하여 조수석과 뒤쪽 좌우 도어의 윈도를 제어할 수 있도록 통신 시스템을 갖추고 있다. 또한 윈도 상태의 이상이나 모터 자체의 문제로 인한 윈도 위치에 따른 윈도 모터 속도의 편차를 최소화하여야만 윈도 세이프티의 감도를 결정하는 a 값을 최소화 할 수 있기 때문에, 향후 계속적인 연구를 통하여 윈도 모터의 속도를 일정하게 제어하여 윈도 세이프티의 감도를 개선하는 것이 과제이다.

개발된 윈도 모터 드라이브 모듈은 윈도 안전장치 기능 외에 다양한 기능을 추가할 수 있다. 예를 들면, 윈도 스위치 1회 동작으로 윈도를 전폐 또는 전개시키는 자동 업/다운(Auto Up / Down) 기능을 구현할 수 있다.

자동 업/다운 기능은 최근의 차량에는 대부분 적용되어 있지만, 고급 차량을 제외하고는 윈도 세이프티 기능이 적용되지 않은 차량이 많다. 즉, 이전의 차량에는 적용되어 있지 않거나 윈도 세이프티 기능이 없는 상태이며, 이 경우에 자동 업 기능은 위험하기 때문에 자동 다운 기능만이 적용되어 있다.

3. 윈도 안전장치 성능 실험 및 고찰

3.1 성능 실험 장비

Fig. 5(a), (b)는 개발된 윈도 안전장치의 감도를 테스트하기 위하여 제작한 도어 테스트 장치를 나타낸 것이다. Fig. 5(a)는 안전장치가 이미 장착된 차량(A type)에 개발된 윈도 안전장치를 설치한 사진이며, Fig. 5(b)는 안전장치가 적용되어 있지 않은 차종(B type)에 개발한 윈도 안전장치를 설치한 사진이다.

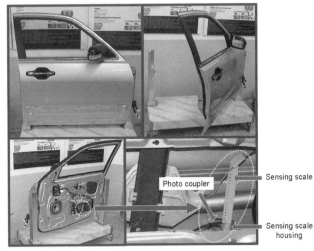

(a) A type

(b) B type

Fig. 5 Equipment for testing of functions of window safety system

Fig. 6 Sensitivity test of window safety system

Fig. 6은 Fig. 5(a), (b)에서 언급한 A Type과 B Type에 각각 개발한 윈도 안전장치를 부착한 후 로드 셀을 이용하여 이의 감도를 측정하는 사진이다. 윈도 이동행정의 중앙 지점에 로드셀(SUU Type, CA : 20 kgf, Senstech)을 설치하고 안전장치 기능이 수행되기 전까지 로드셀에 가해지는 윈도의 압력을 측정하였다. 인디케이터(DI-10W)를 이용하여 로드셀의 초기화를 시켰고, 시그널은 시간에 따른 압력의 이력값으로 저장하였다.

3.2 성능실험 결과 및 고찰

Fig. 7은 기존의 윈도 안전장치가 적용된 차량의 윈도 감도를 시간에 경과에 따라 나타낸 것이다. 데이터 채취 프로그램을 사용하여 입력되는 윈도 작동 압력이 1 kgf이 되는 100 ms 위치에서 트리거링 하면서 연속적으로 50회 반복 동작시켜 저장한 값을 제시한 것이다. 편의상 윈도 동작 감도의 기준은 100 ms 시점을 기준으로 표현하였다. 약 90 ms부터 로드 셀에 가해지는 압력이 증가하기 시작하여 140~150 ms 경과한 지점에서 약 7 kgf의 하중을 보인 후 감소함을 알 수 있고, 윈도를 50회 반복적으로 동작을 시켰음에도 불구하고 하중의 편차가 미미하여 전체적으로 재현성이 양호함을 알 수 있다.

Fig. 8(a), (b)는 본 연구를 통하여 개발한 윈도 안전장치가 적용된 윈도의 감도를 50회 측정한 값으로 시간 경과에 따라 윈도에 가해지는 하중을 나타낸 것이다.

Fig. 8(a)는 윈도 모터의 특성에 따른 영향을 배제하기 위하여 Fig. 7에서 테스트 한 차종과 동일한 종류의 차종(A type)에 적용한 경우이고, Fig. 8(b)는 윈도 안전장치가 미장착된 차량(B type)에 개발한 안전장치를 적용한 결과를 나타낸 것이다.

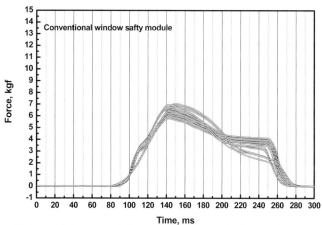

Fig. 7 Sensitivity test of the conventional window safety system

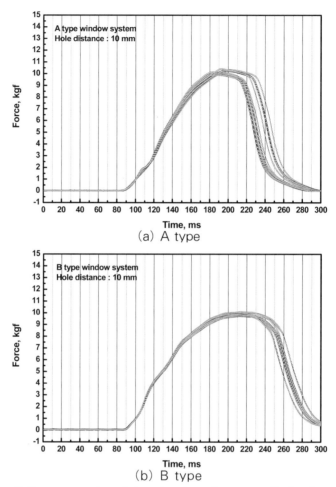

(a) A type

(b) B type

Fig. 8 Sensitivity test results of the developed system (hole distance:10mm)

Fig. 8(a)와 (b) 모두 윈도 안전장치 감도를 결정하는 센싱 스케일의 구멍 간격은 10 mm인 경우이며, 감도의 측정결과 두 경우 모두 약 90 ms에서 로드 셀에 가해지는 하중이 증가하는 현상을 볼 수 있다. 또한, 그림 11-8(a)의 경우에는 180~190 ms 영역에서 약 10 kgf의 하중을 보인 후 감소하고, (b)의 경우에는 200~210 ms에서 약 10 kgf의 하중을 보인 후 감소함을 알 수 있다. 두 경우 모두 하중 변화의 재현성이 양호하며, 안전장치 기능의 재현성도 기존 안전장치와 큰 차이가 없음을 알 수 있다.

한편, 개발한 윈도 안전장치의 감도는 센싱 스케일의 구멍 간격에 의해 시그널 주기가 결정되며 윈도의 동작시에 시그널 주기의 편차에 의해 a값이 결정되게 된다. 즉, 1차적으로는 센싱 스케일의 구멍 간격을 좁힐수록 윈도 안전장치의 감도를 개선할 수 있으며 2차적으로 윈도 모터의 속도를 일정하게 하여 a값을 최소화 하는 방법이 있다.

Fig. 9는 차량 A type에 센싱 스케일의 간격을 5 mm로 조정한 윈도 안전장치를 적용하여 테스트한 결과이다. 윈도 안전장치의 재현성은 더욱 양호한 것으로 나타나고 150~160 ms 범위에서 약 8 kgf의 하중을 보인 후 감소하는 것을 알 수 있다.

Fig. 10은 지금까지 기술한 차량 A type에서 실시되었던 기존 및 개발 안전장치의 감도 차이를 비교하고자 종합적으로 나타낸 것이다. 여기에서 윈도 세이프티 응답 시간이란 데이터가 트리거 된 100 ms부터 최고의 하중을 나타내는 시간값의 차이를 의미한다.

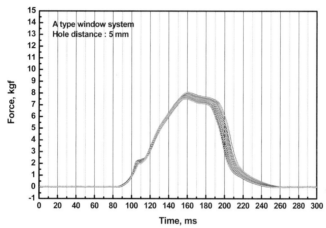

Fig. 9 Sensitivity test results of the developed system (hole distance:5mm)

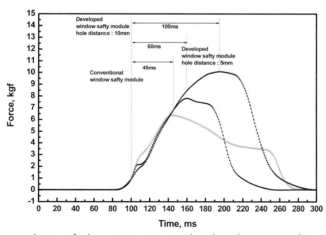

Fig.10 Comparison of the response evaluation between the conventional
and developed widow safety system

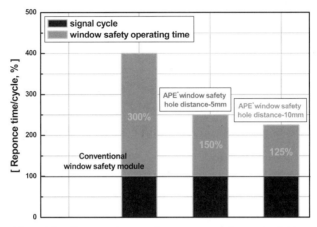

Fig. 11 Comparison of response characteristics

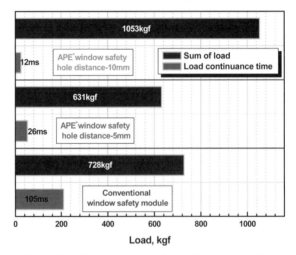

Fig. 12 Comparison of load characteristics

윈도 안전장치의 감도는 1차적으로 윈도 동작에 따른 시그널의 발생 주기와 관련이 있다. 따라서 시그널 주기와 응답 시간의 관계를 나타낸 것이 Fig. 11이다.

기존의 안전장치는 시그널 주기 15 ms에 응답 시간 45 ms, 개발된 안전장치의 경우 센싱 스케일 간격 5 mm인 경우에는 시그널 주기 40 ms에 응답 시간 60 ms, 센싱 스케일 간격 10 mm인 경우에는 시그널 주기 80 ms에 응답 시간 100 ms를 각각 보였다. 이러한 시그널 주기와 응답시간과의 관계를 시그널 주기에 대한 응답 시간의 비로 표현할 때, 그 결과 값이 적을수록 응답성이 좋은 것으로 판단할 수 있다.

윈도가 인체에 접촉하여 하중을 가하기 시작한 후 이를 감지하고 얼마나 신속하게 자동 다운 기능을 수행하여 가해진 하중을 제거하는지를 확인하기 위하여 분석한 결과를 그림 Fig. 12에 나타내었다. 기존의 윈도 안전장치에 비하여 개발된 안전장치의 경우의 하강이 급격하게 진행됨을 알 수 있다.

그림 Fig. 10과 Fig. 12를 이용하여 각각의 장치가 인체에 가한 전체적인 하중의 총합과 자동 다운 기능의 신속도 등을 고려할 때, 개발된 윈도 안전장치의 센싱 스케일 구멍간격 5 mm인 경우가 상대적으로 우수한 성능을 보임을 확인할 수 있다.

4. 결 론

탑승자의 안전성과 편의성을 고려한 ASV(advanced safety vehicle) 개념을 적용한 비접촉 방식의 윈도 안전장치를 개발하여 발명특허를 출원[6]하였으며, 다음과 같은 결론을 얻었다.

1) 센서 출력 피드백 회로를 구성하여 기존의 윈도 안전장치와 비교하여 응답성이 양호하고 윈도 동작 시스템 및 윈도 이동거리와 동작 속도 등이 상이한 다양한 차종에 적용할 수 있는 윈도 안전장치를 개발하였다.

2) 기존의 윈도 안전장치에서 발생할 수 있는 오작동의 방지는 물론, 부하 감지도가 개선된 제어 알고리즘을 확보하였고, 윈도 모듈간의 통신 시스템을 개발하였다.

3) 안전장치 기능 외에 자동 업/다운 기능 및 자동 윈도 닫힘 기능 등 다양한 편의 기능을 추가 할 수 있는 시스템을 개발하여 상용화하였다.

4) 인체에 가한 전체적인 하중의 총합과 자동 다운 기능의 신속도 등을 고려할 때, 개발된 윈도 안전장치의 센싱 스케일 구멍간격 5 mm인 경우가 상대적으로 우수한 성능을 보임을 확인할 수 있었다.

References

1) Seongsoo Cho, Sungjun Han, Hanil Bae, "Analysis of Occupant Safety to meet the Requirements of the 25mph Unbelted and the NCAP Test Conditions" , Conference Proceedings of the Korean Society of Automotive Engineers, pp.1610-1615, 2005

2) Byoungsoo Kim, "Advanced Safety Vehicle", Journal of the Korean Society of Automotive Engineers, Vol.26, No.4, pp.23-25, 2004

3) Ilmoon Son, Joongsoon Lee, Hyoyean Kwak, "A Review ; Studies on Automotive Ergonomics in Korea", Conference Proceedings of Branch of Busan · Ulsam · Gyeongnam in the Korean Society of Automotive Engineers, pp.114-128, 2007

4) Wansuk Yoo, Jeonghyun Sohn, Kwangsuk Kim, Jaesik Lee, "Analysis of Perceptual, Cognitive, and Motoral Characteristics and their Effects on Driving Performance", Transactions of the Korean Society of Automotive Engineers, Vol.7, No.6, pp.222-230, 1999

5) Korea Consumer Agency, http://www.kca.go.kr

6) Joongsoon Lee et al., "Development of the Window Safety System Module", Apply to the Korean Intellectual Property Office for a Patent, 10-20060129833, 2006

11.4	효과적인 프레젠테이션 기술

'커뮤니케이션' 하는 것이 쉽다고 생각될 수 있겠지만, '내가 말해야 하는 것에 해당하는 나의 아이디어나 컨셉트'를 제3자인 청중에게 전달하는 커뮤니케이션 기술은 결코 쉬운 일이 아니다.

프레젠테이션이란 발표자가 어떤 목표에 대한 기대를 가지고 청중들에게 전달하고 설득을 하여 청중들의 의식과 행동을 발표자가 기대하고 있는 목표에 도달할 수 있도록 유도하는 과정이기도 하다.

최고의 프레젠터가 되는 최상의 비결은 끊임없는 자기계발을 위한 노력과 함께 반복적인 연습이라고 할 수 있다. 불안하면 리허설을 통해 당당함을 가져야 할 것이다.

(1) 프레젠터

프레젠터는 발표자이다. 효과적인 프레젠테이션을 위해서는 참신한 아이디어를 찾아내고 발표시에 감성적인 억양을 조절할 수 있어야 한다. 편안하면서 신뢰를 주는 발표자는 청중들에게 자신이 발표하는 내용을 정확하면서도 만족스럽게 전달해 줄 수 있다.

발표자는 청중들에게 확신과 통제력 및 성실성을 보여주어야 한다. 이러한 요소들은 제시하고 있는 정보에 대한 타당성을 부여해 줄 뿐 아니라, 청중들이 발표 자체에 흥미를 갖게 되어 그들이 듣고 있는 정보가 중요하다고 느낄 수 있도록 발표를 해야 한다. 이를 통해 청중의 능동적 지지를 끌어낼 수 있으며, 보다 나은 프레젠테이션을 위해서는 프레젠트 훈련부터 해야 한다.

강한 자신감과 확신을 갖고 청중을 향한 시선과 열정에 찬 프레젠테이션은 충분한 사전 조사와 지식, 그리고 철저한 준비로 무장하였을 때 나오는 것이다. 사람은 누구나 주목받기를 원하며, 주목받으면 긍정적인 태도를 형성할 가능성이 높다. 눈은 마음의 창이라고 한다. 눈은 마주 보는 것만으로도 커뮤니케이션의 효과를 줄 수 있다.

(2) 자료의 준비

일반적인 프레젠테이션 도구는 플래시, 슬라이드, 빔 프로젝터, LCD 패널, 비디오, 멀티미디어 사운드, 포스터프린터 등 다양한 형태가 있으나 최근에는 자신의 발표용 파일을 USB에 저장을 하고 이를 발표장에서 컴퓨터에 바로 연결하여 사용하는 방법이 주를 이루고 있다.

장소나 상황에 따라서 차이는 있지만, 일반적으로 학술대회와 같은 논문 발표장의 경우에는 대부분의 청중이 발표 내용에 대한 자료를 공유하고 있지만, 기술보고회나 세미나 등의 경우에는 청중이 발표 내용과 관련된 유인물을 가지고 있지 못하는 경우도 있기 때문에 상황을 예측하여 발표와 관련된 유인물을 준비하는 것도 발표 기술 중의 하나이다.

일반적으로 발표에 사용되는 슬라이드의 설명에 소요되는 시간은 1장당 최소한 10초 이상은 하여야 하고, 최대한 100초 이내를 가이드라인으로 생각하는 것이 좋다.

물론 경우에 따라서 일부 도표와 그래픽의 경우에는 2분 이상의 설명이 요구되는 경우도 있지만, 가능하면 다양한 편집 기법을 이용하여 조절해 줄 필요가 있다. 그 이유는 발표는 발표자를 위한 것이 아니고 청중을 위한 행위이며, 청중에 대한 서비스 개념을 충분히 확보하고 있어야 한다.

한 장의 슬라이드가 순식간에 넘어가는 경우나 몇 분을 설명하는 경우가 자주 발생할 경우에 청중의 눈은 초점이 흐려지고 어수선해지면서 발표 내용에 대한 흥미를 잃게 된다.

10초 미만으로 보여주고 넘어갈 슬라이드라면 중요성이 높지 않다는 의미이고, 몇 분씩 설명할 내용이라면 좀 더 상세하게 슬라이드를 여러 장으로 만드는 것이 청중에 대한 예의이다.

발표자의 말하는 속도에 따라서 주어진 시간에 예상 가능한 슬라이드의 매수는 차이가 나겠지만, 발표 원고의 분량은 일반적으로 $0.7 \sim 0.8 \times$ 발표시간(분)으로 생각하면 적절할 것이다. 예를 들어 제한 시간 20분의 발표라면 표준 슬라이드 매수는 15±1장 정도라는 의미이며, 발표의 리허설을 통하여 자신의 발표에 적절한 매수를 결정할 수 있을 것이다.

발표 시간이 부족할 것 같은 두려움이 생기거나 슬라이드의 매수가 부족할 것 같은 불안감이 생긴다면, 발표 이후에 이어지는 질의응답 시간을 활용하면 된다.

차라리 조급한 마음으로 급하게 발표를 하기 보다는 명확하고 간결하게 자신만의 발표를 여유롭게 하고 난 이후에 질의응답 시간을 이용하여 질문을 유도하고 그때 충분히 설명을 부가하여 주는 편이 훨씬 효과적이다.

(3) 발표의 요령

발표자는 청중을 위한 사람이다. 결코 발표자가 주인공이 아니고 청중이 주인공이다. 발표자는 오직 청중에게 서비스를 제공하고 있는 전달자일 뿐이다.

발표를 할 때에는 컴퓨터를 의식하지 말고 무선 마우스를 가지고 청중의 앞에 서서 언제나 청중을 마주보고 그들을 관찰하고 눈을 맞추어야 한다. 결코 발표장 주위를 배회하거나 아래를 보지 말아야 한다.

발표를 하고 있는 동안에 혹시라도 예상치 못한 질문이 청중으로부터 있을 경우도 있다. 이러한 경우에는 발표하는 프레젠테이션의 성격에 따라 즉석에서 질문에 답을 주는 것이 적절할 경우도 있지만, 나중에 설명하는 것이 산만한 진행을 피할 수 있는 좋은 방법이 될 수도 있기 때문에 상황에 따라 현명하게 대처할 필요가 있다.

프레젠테이션의 목적은 정보와 지식의 제공에 있을 뿐 현란한 그래픽의 제공은 아니다. 깔끔하고 세련된 디자인은 청중에 대한 서비스 정도로만 생각되어야 한다. 따라서 복잡하고 현란한 그래픽은 청중들이 원하는 내용이 아니라는 사실을 인지해야 한다.

그러나 어떻게 하면 프레젠테이션을 더 잘 할 수 있을 것인가에 대해서는 항상 고민하고 노력하여야 한다.

자신이 발표하는 내용만큼은 자기 스스로가 최고의 전문가라는 자신감과 열정을 갖고 청중의 주의를 유도하면서 힘이 있고 더 강한 영향력을 가진 지배적인 단어를 사용하여 호감을 갖도록 할 필요가 있다. 동시에 적시 적절한 유머도 효과적이라는 사실을 알아주기 바란다. 현명하게 사용된 적절한 양의 유머는 발표자와 청중의 원만한 관계를 형성하게 되어 청중들은 지속적으로 발표 내용에 대한 관심을 갖게 될 것이다.

유머 파워(Humor Power)의 저자인 심리학자 허브 트루는 '효과적인 의사 전달에서의 적절한 유머 사용은 상호간의 긴장을 없애주거나 적의를 없애주는데 절대적인 도움을 준다.' 라고 유머의 중요성에 대하여 언급한 바 있다.

다만, 유머는 격이 있는 신선하고 예측하지 못한 예를 사용하여야 하며, 프레젠테이션의 의도나 목적 또는 진행 내용과 반드시 연관이 있어야 한다.

효과적인 발표를 위해서는 리허설을 할 필요가 있다. 우선적으로 사용할 장비들을 테스트할 필요가 있다.

예를 들면, 발표용 자료를 최적의 상태로 만들었다 하더라도 발표장의 컴퓨터에 자신이 사용한 폰트가 없을 경우에는 곤란함을 겪게 된다.

따라서 발표용 파일을 USB 등에 저장할 경우에는 자신이 사용한 폰트도 동시에 저장하여야 한다.

구술 발표는 신중하게 계획해야 하고 발표 내용에 대한 충분한 이해와 리허설을 통하여 읽어 내려가는 형식의 발표가 되지 않아야 한다.

필요한 경우에는 실제 모형이나 사진 또는 그림들을 보여주고 말하기(Show-and-Tell) 기법을 활용하면 이해도의 증진과 함께 청중의 관심을 더욱 끌 수 있을 것이다.

억양이나 말하는 속도, 전달력, 문장의 강조, 목소리의 높낮이 등을 적절하게 조절하면서 자연스럽게 청중에게 다가설 수 있도록 하자.

11.5 발표용 자료 작성의 예

청중에 대한 설명이나 연설은 설계나 연구 개발업무를 담당하는 공학자에게 매우 중요한 과업중의 하나이다.

발표의 목적은 프로젝트의 현황이나 논문 등과 같은 자신이 수행한 연구 개발 및 설계 활동에 관하여 구술 발표를 통하여 제시하고, 해당 내용에 대하여 청중으로부터의 평가를 받고 질문에 대한 응답을 하는 등과 같은 토론과 판단을 내리는 활동을 위해 사용되어진다.

따라서, 효과적인 발표를 위해서는 발표용 원고를 작성하여야 하는데 이때, 내용의 정확성은 물론이고 구두 발표를 듣는 대상인 청중에 대한 배려가 충분히 가미된 발표 자료를 준비하여야 한다는 것이다.

발표의 목적과 청중에 대한 분석을 통해 발표가 용이하게 진행될 수 있도록 설명문을 작성할 때와 같은 요령으로 제작하는 요령이 필요하다.

다음의 발표용 자료를 참고하여 발표자가 각각의 슬라이드 화면을 통하여 어떠한 메시지를 청중에게 전달하고자 하는지에 대하여 살펴보자.

본 내용은 11.3절에 제시한 논문작성의 예에 대한 내용을 근거로 하여 발표용 자료를 표현한 예이다.

그림 11-1 파워포인트를 이용한 발표용 자료의 예

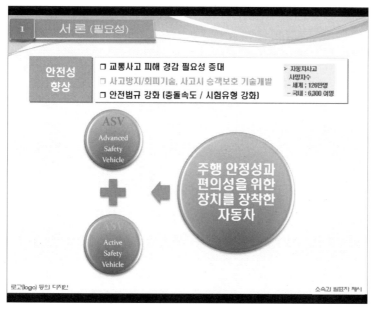

그림 11-2 파워포인트를 이용한 발표용 자료의 예

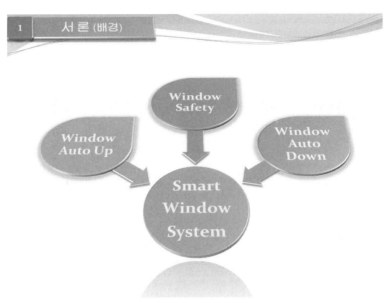

그림 11-3 파워포인트를 이용한 발표용 자료의 예

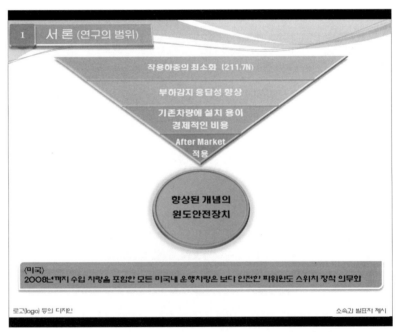

그림 11-4 파워포인트를 이용한 발표용 자료의 예

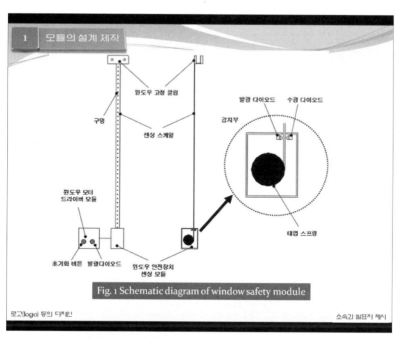

그림 11-5 파워포인트를 이용한 발표용 자료의 예

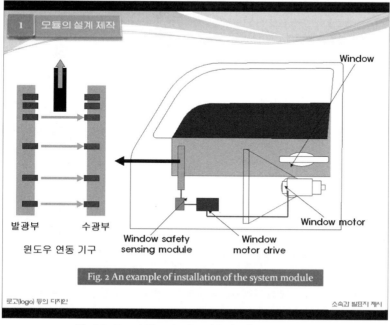

그림 11-6 파워포인트를 이용한 발표용 자료의 예

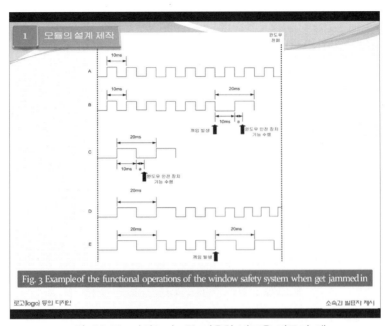

그림 11-7 파워포인트를 이용한 발표용 자료의 예

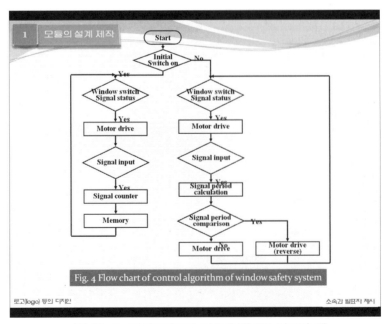

그림 11-8 파워포인트를 이용한 발표용 자료의 예

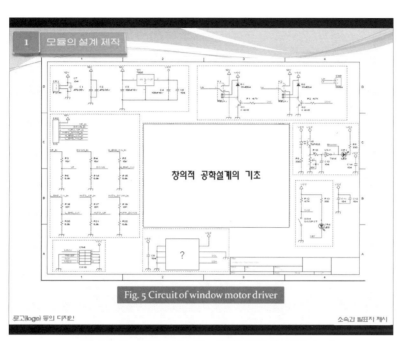

그림 11-9 파워포인트를 이용한 발표용 자료의 예

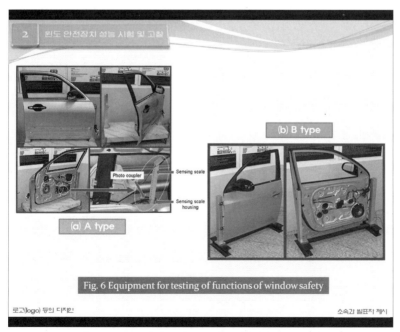

그림 11-10 파워포인트를 이용한 발표용 자료의 예

그림 11-11 파워포인트를 이용한 발표용 자료의 예

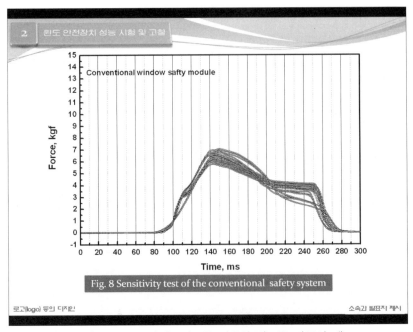

그림 11-12 파워포인트를 이용한 발표용 자료의 예

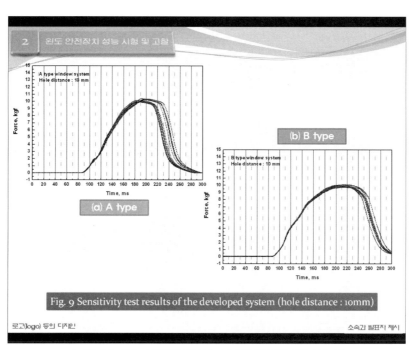

Fig. 9 Sensitivity test results of the developed system (hole distance : 10mm)

그림 11-13 파워포인트를 이용한 발표용 자료의 예

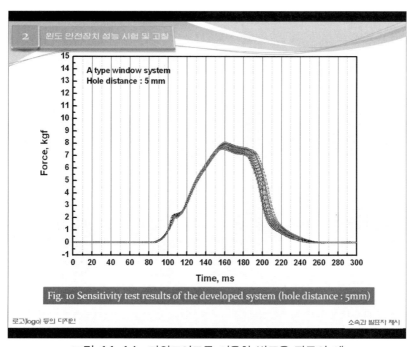

Fig. 10 Sensitivity test results of the developed system (hole distance : 5mm)

그림 11-14 파워포인트를 이용한 발표용 자료의 예

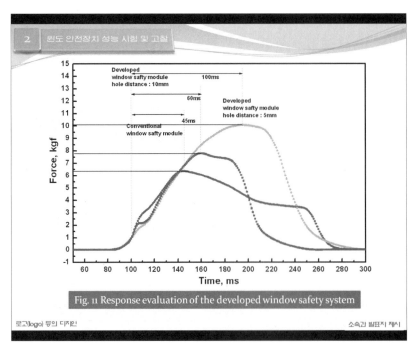

그림 11-15   파워포인트를 이용한 발표용 자료의 예

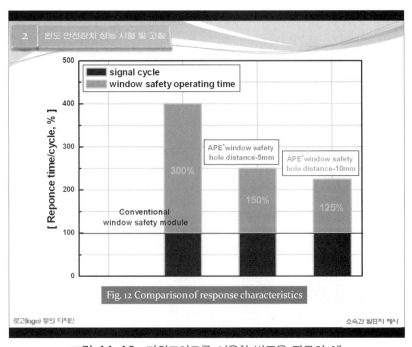

그림 11-16   파워포인트를 이용한 발표용 자료의 예

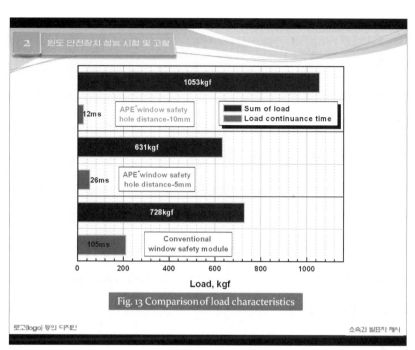

그림 11-17 파워포인트를 이용한 발표용 자료의 예

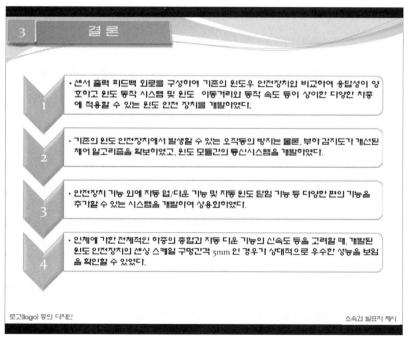

그림 11-18 파워포인트를 이용한 발표용 자료의 예

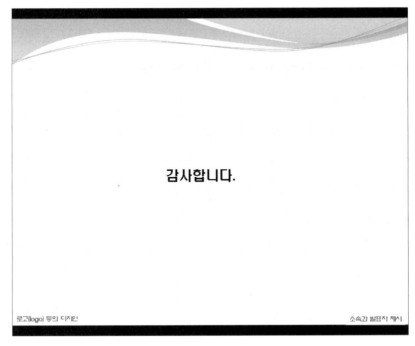

그림 11-19 파워포인트를 이용한 발표용 자료의 예

참고문헌

1. 곽병선, 이중순, 배호순, 박명순, 이정표, 2주기 전문대학 학과평가 진단 및 발전방안 연구(직업교육인증제도와 관련하여), 한국전문대학교육협의회 연구 보고서 제 2007-1호, 2007

2. 김기은 역, 지구환경과학, (주)북스힐, 2006

3. 김영정, 비판적 사고와 공학교육, 공학교육 제11권 제2호, pp.94-101, 한국공학교육학회, 2004

4. 김영정, 비판적 사고와 공학교육, 공학교육 제11권 제3호, pp.79-89, 한국공학교육학회, 2004

5. 김영정, 비판적 사고와 공학교육, 공학교육 제11권 제4호, pp.73-89, 한국공학교육학회, 2004

6. 김이형, 이병식, 창의적 사고능력 증진을 위한 공학설계입문 교과목 및 사례 개발, 공학교육 연구 제8권 제3호, pp.26-35, 한국공학교육학회, 2005

7. 김형순, 올바른 공학기술 논문을 어떻게 작성하는가?, 공학교육 제12권 제3호, pp.49-50, 한국공학교육학회, 2005

8. 문승재, 효과적인 프레젠테이션 기법, 공학교육 제12권 제4호, pp.44-46, 한국공학교육학회, 2005

9. 배원병, 그룹 프로젝트를 통한 설계교육에 대하여, 공학교육 제12권 제1호, pp.92-94, 한국공학교육학회, 2005

10. 서영석 외 12명 공역, 창의적 공학설계(1), (주)피어슨에듀케이션코리아, 2005

11. 신동호, 글 잘 쓰는 공학자가 성공한다, 공학교육 제11권 제4호, pp.55-58, 한국 공학교육학회, 2004

12. 장종욱, 최삼길 공역, 지적인 과학·기술 문장 쓰기, (주)북스힐, 2005

13. 조문수, 임태진, 박태형, 윤석훈 편역, 프로젝트 기반의 공학설계입문, 아이티씨, 2005

14. 최병학, 정병길, 이경우, 효과적인 공학 설계교육에 대하여, 공학교육 제11권 제4호, pp.49-54, 한국공학교육학회, 2004

15. 배원병, 김종식, 윤순현, 임오강 공저, 공학윤리, (주)북스힐, 2007

16. 김유신 역, 공학윤리, (주)북스힐, 2006

17. 대한기계학회, http://www.ksme.or.kr

18. 대한인간공학회, http://www.esk.or.kr

19. 특허청, http://www.kipo.go.kr

20. 한국소비자원, http://www.kca.go.kr

21. 한국자동차공학회, http://www.ksae.org

22. 공학윤리와 과학기술자윤리 카페, http://cafe.naver.com/engineeringethics.cafe

찾아보기

공학설계의 기초

2014년 9월 5일 인쇄
2014년 9월 15일 발행

저　　자　김지환·신종열·안세경·이중순

발 행 자　조승식

발 행 처　(주)도서출판 **북스힐**
　　　　　서울시 강북구 한천로 153길 17

등　록　제 22-457 호

 (02) 994-0071(代)

 (02) 994-0073

 bookswin@unitel.co.kr
www.bookshill.com

값 13,000원

●잘못된 책은 교환해 드립니다.

ISBN 978-89-5526-410-4